别让孩子输在家庭教育上

陪孩子走过关键期

——好妈妈一定要懂得的心理学

万莹 著

天津出版传媒集团

天津科学技术出版社

图书在版编目（CIP）数据

陪孩子走过关键期：好妈妈一定要懂得的心理学 / 万莹著 . -- 天津：天津科学技术出版社，2020.4
ISBN 978-7-5576-7525-7

Ⅰ. ①陪… Ⅱ. ①万… Ⅲ. ①儿童心理学 Ⅳ. ① B844.1

中国版本图书馆 CIP 数据核字（2020）第 046406 号

陪孩子走过关键期：好妈妈一定要懂得的心理学
PEI HAIZI ZOUGUO GUANJIANQI：HAO MAMA YIDING YAO DONGDE DE XINLIXUE

策 划 人：杨　䜣
责任编辑：刘丽燕
责任印制：兰　毅

出　　版：	天津出版传媒集团 天津科学技术出版社
地　　址：	天津市西康路 35 号
邮　　编：	300051
电　　话：	（022）23332490
网　　址：	www.tjkjcbs.com.cn
发　　行：	新华书店经销
印　　刷：	北京德富泰印务有限公司

开本 880×1 230　1/32　印张 8　字数 185 000
2020 年 4 月第 1 版第 1 次印刷
定价：36.00 元

前　言

　　从出生到读完小学6年级，是孩子人格、品质、行为方式形成的关键时期。这一时期，孩子可塑性非常强，如果给他的大脑中输入乐观、勇敢、有礼貌、知识无价、人生美好等关键词，那么这些优良品质与思想就将伴随孩子的一生，令其受益终生；而如果此时将狭隘、自私、懒惰、学习很苦、社会黑暗等关键词输入孩子的大脑，那么这些不良的品质与思想以后就很难改变，很可能会伴随孩子的一生。

　　妈妈这个角色，在孩子的成长过程中至关重要，在某种意义上甚至决定着孩子的前途和命运。妈妈是孩子的第一任老师，从孩子出生开始，她的一举一动带给孩子的都是最直观、最有效的经验指导。妈妈错误的教育方式，往往会使孩子误入歧途，而妈妈正确的言传身教，则可以让孩子功成名就。从这个意义上说，每个妈妈都应该是教育家，要有爱和洞察力，还要能够透彻认识自己，完善自己的育儿知识和教养方式，为孩子提供一个适宜的成长环境。

　　随着社会竞争的日趋激烈，每位妈妈都希望自己是最好的妈妈，能够教出最优秀的孩子。但遗憾的是，不少妈妈对如何教育孩子感到力不从心。有的妈妈，她们想当然地按照自己的想法"教育"孩子，最后却发现孩子越来越难教，越来越不"听话"，于是，她们的"教育"方法就"升级"了——呵斥孩子，甚至是打骂孩子，结果可想而知；有的妈妈不惜血本把孩子送进各种名气很大的"辅导班""艺术班"，并且花重金把孩子送到一流的幼儿园、一流的学校，希望孩子样样都好，可到头来孩子特长、才艺、学习成绩却没有一样突出，甚至还产生抵触心理，变得越来越叛逆。

为什么妈妈们用心良苦、付出颇多，教育的结果却与初衷背道而驰呢？究其原因，就在于她们没有真正走进孩子的内心。教育实际上就是一门"动心"的艺术，妈妈们应该懂得一些教育孩子的心理学。

本书旨在帮助妈妈了解最基本的教育学、心理学知识，掌握科学的教育方法、技巧，用心理学的规律去雕琢孩子，培养出真正优秀的孩子。全书针对孩子的心理需求、人际交往、自控能力、思维能力、自立能力等各个方面可能存在的问题，揭开孩子问题背后的心理真相，为家长提供教育孩子时切实可行的操作方法，帮助妈妈们避开教育中的暗礁。

每个孩子都是珍贵的存在，每个孩子都可能成为天才，衷心祝愿每一位妈妈都能做有智慧、懂教育的好妈妈，每一个孩子都能受到最好的教育，都能健康、快乐地成长。

目录

序 章 关键期顺了，一辈子就好了——0~13岁，教育陪伴要多用"心"

敏感期决定孩子的一生 /2

孩子迷茫，你知道吗 /4

掌握技巧，让孩子安全度过逆反期 /6

帮助孩子安全度过青春期 /8

"我都是为了孩子好"是谬论 /10

赏识——激发潜能的武器 /14

珍惜孩子的每一次成功 /16

给孩子一个可以打破的碗 /19

创造条件，让孩子独立 /21

第1章 "雕塑"孩子有技巧——好妈妈要懂点行为心理学

教孩子用语言代替哭泣 /26

吃手也是孩子的成长任务 /28

孩子的暴力行为从何而来 /30

你的孩子能管住自己吗 /32

"人来疯"宝宝心里在想啥 /35

孩子总是欺负同学怎么办 /37

如何应对孩子的"多动症" /39

为什么孩子犯了错误总是狡辩 /42

孩子遇到困难只会哭鼻子怎么办 /44

孩子任性其实源自一种心理需求 /46

让孩子尝尝"自作自受"的后果 /48

对孩子骂人要具体问题具体分析 /50

孩子有自慰行为时应怎么办 /52

第 2 章 为孩子的情绪解套——好妈妈要懂点情绪心理学

认识依恋,满足孩子爱的需求 /56

不要擅自剥夺孩子应得的母爱 /58

别让孩子患上"肌肤饥饿症" /61

正确看待孩子的"认生" /63

归属感是孩子最早的安全感 /65

缺爱的孩子易患"心理性矮小症" /68

理解孩子,小孩也会"心累" /70

坏情绪，不疏导就可能会"决堤" /73

罗森塔尔效应：给孩子积极的心理暗示 /76

要好胜，也要输得起 /78

鼓励孩子向失败学习 /81

出于同情的奖励伤害更大 /83

给孩子一个专属的宣泄空间 /85

让孩子远离恐惧 /88

谨防儿童抑郁症 /90

儿童沉默不语也是病 /93

感觉统合失调症：都市儿童的流行病 /95

孤独症要正确判断、科学对待 /97

怀疑癖是源自不自信 /99

对儿童强迫症要科学治疗 /101

对不正常的占有欲要及时纠正 /103

第3章 给落伍的交流方式升升级——好妈妈要懂点沟通心理学

要时刻保护好孩子的自尊心 /108

别跟"别人家孩子"比 /110

爱问没有错，回答有技巧 /113

80/20：对话的黄金法则 /115

做孩子最忠实的倾听者 /118

南风效应：温暖的沟通法最得孩子心 /121

教育不粗暴，说服有技巧 /123

超限效应：说教切忌唠唠叨叨 /125

让孩子理解你，而不是服从你 /127

蹲下来，从孩子的角度看世界 /130

正确归因，让孩子认清事实 /132

发自内心的表扬才是有效的激励 /134

用表扬"刺激"孩子主动反省 /136

批评不可少，但绝不能多 /138

批评不是挖苦，别拿讽刺来伤害孩子 /140

不要因为错误而全盘否定孩子 /142

严格不是粗暴的遮羞布 /144

别让爱被条件绑架 /146

第4章 教育要兼顾孩子的个性气质——好妈妈要懂点个性心理学

孩子气质越早了解越好 /150

气质没有好坏之分 /152

训练胆汁质儿童的情绪控制力 /154

让抑郁质儿童走出自己的小世界 /156

摆脱固执的惯性，让黏液质孩子学会变通 /158

让多血质孩子学会按计划踏踏实实做事 /161

按天性生长，更容易长成大树 /163

让领袖型孩子雷厉风行又不目中无人 /165

多听听和平型孩子的心声 /167

教完美型孩子玩就要玩得酣畅淋漓 /169

让助人型孩子认识到自身的价值 /172

让成就型孩子正确理解成功的含义 /174

让浪漫型孩子好好享受每一天 /176

给思考型孩子思考的空间，并鼓励及时行动 /178

让怀疑型孩子保持冷静，学会相信他人 /180

培养活跃型孩子的专注力和责任感 /182

第5章 一切认知皆有规律——好妈妈要懂点学习心理学

孩子怎么记不住老师的话 /186

学习语言，从重复和模仿开始 /188

孩子可能走进的语言误区：外延过度和外延不足 /190

智力发展有规律，避免"填鸭式开发" /192

孩子可能理解不了你的"正话反说" /195

别在学习上给孩子施高压 /197

聪明的妈妈要"无为而治" /199

正确理解孩子的故意"考砸" /201

让孩子没有负担地质疑老师 /204

不喜欢读书的孩子背后往往是厌书的父母 /207

让孩子尝到坚持收获的果实 /209

智商与天才没有必然关系 /211

比"网瘾"还可怕的"考试瘾" /214

第6章 孩子终究要成为"社会人"——好妈妈要懂点社会心理学

同龄人才是孩子最好的朋友 /218

让孩子在游戏中充分感受社会 /220

世界"不公平",心情要平静 /222

与老师常沟通,联手教出好孩子 /224

独立意识从娃娃抓起 /226

给予宽严适当的父爱 /229

给孩子打一剂不完美的预防针 /231

母爱是为了分离的爱 /233

让孩子尽早了解一些社会规则 /235

溺爱是孩子走向社会的绊脚石 /238

封闭的爱会封住孩子的路 /240

序章

关键期顺了，一辈子就好了

—— 0~13岁，教育陪伴要多用"心"

敏感期决定孩子的一生

大家都熟悉印度"狼女"的故事,这两个女孩子被狼群带大。当她们被带回人类社会的时候,一个七八岁,一个大约两岁。后来小一点的孩子不幸去世了,而那个大狼女仅仅学会了几个单词,智力水平只相当于一个普通的婴儿。

在第二次世界大战时期,一个士兵在大森林里迷了路,在深山里过了20多年与世隔绝的生活。当人们把这个士兵带回人类社会之后,他只在开始的一段时间出现了语言障碍,说话的时候有些词不达意,但是没用多久他就能够顺畅地与人交流,把自己在深山中的生活讲给很多人听。后来这个士兵还娶妻生子,过上了正常人的幸福生活。

同样都是与世隔绝,为什么他们的结局会有天壤之别呢?其中的奥秘就在于儿童的"敏感期"。"狼女"所有重要的敏感期都是在狼的世界度过的,即使人类想尽了办法也无法让她回归社会,而她的心智也永远不可能回到正常的水平。而那个士兵虽然在森林中独自度过了20年的时光,但是促进他发育成长的所有敏感期都是在人类社会中度过的,那时候他的心智已经基本定型,所以只需要短暂的恢复期,那个士兵就顺利地回归了正常的生活。

这些事例告诉我们,教育的"关键期"就在儿童时代,这个时期是孩子特定能力和行为发展的最佳时期。处于敏感期的孩子对于外界的刺激有着敏锐的感觉，很容易吸收环境中的信息。蒙台梭利曾经这样描述敏感期的孩子和外界环境的关系："孩子爱恋着环境，和环境的关系有如恋人同伴一样。"

虽然儿童的敏感期现象是在幼儿的教育领域发现的，但是自然科学的研究也为这个时期的存在提供了证据。美国大学儿科神经生物学家哈利·丘加尼教授对婴儿大脑进行扫描后发现，婴儿大脑的各个区域在出生后会一个接一个地活跃起来，并逐渐建立起联系。科学家把大脑接收外部信息的时间段称为"机会之窗"，"机会之窗"会打开也会关闭，当它打开的时候孩子学习东西会变得容易、轻松，当"机会之窗"关闭的时候，学习会变得艰难。其实这个生理上的"机会之窗"就是幼儿心理学中的"敏感期"。

儿童的发展一旦错过了敏感期，就会产生或多或少的遗憾，这种遗憾也有大有小，而且在儿童以后的成长过程中将会很难弥补。有些敏感期如果错过了可以得到弥补的机会，但是需要耗费更多的经历和时间；有些敏感期如果错过了就很难再有机会去弥补了。在各个敏感期如果孩子受到干扰或者阻碍，就不能正常使用他们身体的各种功能，相关的功能可能就会丧失或者发展不好。可见敏感期的作用是非常重要的，它对孩子的一生都会产生影响。

敏感期是自然赋予孩子顺利成长的生命助力，为人父母者与其逼着孩子痛苦地学习某些技能，不惜一切代价让孩子赢在起跑线上，不如耐心地等待孩子敏感期的到来，让他们遵从心灵导师的指引，自发自主地快乐学习和成长。抓住敏感期，不仅会让学习变得轻松愉快，而且事半功倍。

孩子迷茫，你知道吗

在孩子6～12岁的时候，会面对他们人生中的两件大事：一件是离开幼儿园，进入小学开始系统地学习文化知识；另一件就是小学升入初中，面临第一次比较严峻的同龄人之间的竞争。在这两个时期，孩子都是刚入学或者是即将进入一个新的学习阶段，压力会突然增加。而在压力增大的同时，心理就会出现变化，孩子对未来的生活充满了迷茫和恐惧，这种迷茫和恐惧往往会通过一些异常的行为表现出来，比如不想上学，沉迷网络，等等。

下面我们来分别看一下这两个阶段孩子的心理压力都来自哪些地方。

6岁是孩子进入小学的年龄，孩子们将要开始面对一个全新的环境，他们不知道这个环境会给自己带来什么，而自己又能对这个环境产生什么样的影响，所以会产生害怕和迷茫的感觉。

从幼儿园踏进小学的校门，对孩子和家庭来说都是一件大事。很多家长会在孩子入学那一天准备一桌好吃的来庆祝孩子的成长。但是从孩子的角度来说，他们的生活发生了翻天覆地的变化，每天除了有上学的兴奋，还会逐渐感受到学习和其他同学带来的压力，生活一下子变得紧张起来。如果你去问年幼的孩子上学有什么感受，他们的反应大多数是"累"。

如果上小学前孩子没有做好心理准备以及生活习惯上的准备，那么他们很难一下子爱上校园生活。对这个年龄的孩子来讲，他们表现自己压力的方式可能是"逃学"。他们上学之前会大声哭闹，不愿离开父母；或者是突然"生病"，很多家长可能会以为是孩子装病，但是除了装病之外，孩子的确可能会因为心理上的压力产生身体不适。所以当父母发现孩子上学之后变得体弱多病或者情绪低落，就要及时与孩子沟通，多谈谈学校中发生的事情，引导孩子把对学校的看法说出来，同时父母还要多向孩子传递学校的正面信息，比如和蔼的老师、可爱的同学以及优美的校园环境，等等。

对于12岁的孩子来说，他们最大的压力来自"小升初"的考试，同时这时候的孩子大多已经进入了青春期，心理压力和生理上的变化都会让他们感到困惑和忧虑，这时候的孩子所承受的压力更是显著。又因为此时孩子的行为能力和思维能力得到了进一步的提高，所以他们逐渐有了自己的思想，会产生一种想要脱离父母的心理状态；而对于父母来说，此时孩子能够自己照顾自己的生活，所以对孩子的关心程度很明显不如幼儿时期。这两方面原因叠加，最终造成的结果是亲子沟通的时间越来越少。甚至有时候孩子鼓足勇气向父母求助，却被父母批评为撒谎、懒惰、没有上进心，这就会使孩子更加迷茫，同时心里更觉得压抑。

现实中很多这个时期的孩子迷恋网吧、不喜欢回家，这种行为实际上是孩子牺牲了自己的成长来向父母抗议，同时也是一种很强烈的求救信号。不过当孩子使用这种信号来求救的时候，父母再开始重视孩子的心理，就有些晚了。

其实只要父母在平时多关注一下孩子的行为，就很容易发现孩子的"求救信号"，然后要寻找合适的机会和孩子交流，对症下药，帮助孩子减压。另外家长还要委婉地为孩子指引今后要走的方向，不要总是指责或是训斥，而是要不断地鼓励孩子，支持孩子。

掌握技巧，让孩子安全度过逆反期

对于处于不同逆反期的孩子，家长需要用不同的技巧来帮助帮助孩子。具体说来，在第一逆反期的时候，家长在教育孩子的过程中需要注意以下几点：

1. 首先要给孩子树立好脾气的榜样

孩子的模仿能力是很强的，而他们最常模仿的就是自己的父母。如果父母的脾气都很大，常常遇到一点小事就大发雷霆，动不动就气得脸红脖子粗，这样不能控制自己脾气的父母往往也带不出能够很好控制情绪的孩子，因为父母是孩子最好的榜样，父母对待事情的态度往往会被孩子照搬到自己身上，这也是为什么很多人都说"孩子是父母的镜子"的原因。

2. 父母的教育要一致

每个家庭中都应该建立固定的习惯和秩序，父母在孩子的教育问题上一定要保持一致。对待孩子的同一个行为，千万不要爸爸是这种处理方法，而妈妈采取的则是截然相反的方法，这样会让孩子在生活中变得无所适从。即使父母有不一样的教育理念，也一定要避开孩子私下讨论，达成统一，绝对不要在孩子面前争论谁的教育方法更先进，更有效。

3. 父母要理解孩子，多站在孩子的角度去思考

父母要在情感上多与孩子进行耐心、真诚的交流。在交流的过程中要注意孩子的情绪。当孩子出现逆反行为时，父母不要怒气冲天，而是应该先平静下来站在孩子的角度去理解一下他的感受和想法，然后跟孩子确定自己的理解正确与否，如果正确，再对孩子的行为进行引导。家长最好养成与孩子谈心的习惯，时时关注孩子的思想状况和动态。

4. 给孩子提供展现自我的机会

处于第一逆反期的孩子有了较强的独立意识，此时家长应该鼓励孩子自己动手做一些力所能及的事情，并且要尊重孩子的劳动成果。即使孩子第一次做得不好，也不要当着孩子的面帮助他重做，因为这样只会打消他自己动手的积极性。

5. 对孩子的脾气不能一味忍让

虽然此时孩子发脾气情有可原，但是如果对孩子这种行为一味退让的话，时间长了，孩子就会把反抗作为一种手段来试图控制父母并达到自己的目的，这无形中反而会促使孩子养成常发脾气的坏习惯。

孩子的"第二逆反期"又被称为"危险期"，这是说 7~12 岁这一年龄段的孩子对父母的管教极为反感，甚至会在行为上产生对抗。对这个时期孩子的教育，父母要注意以下几点：

1. 把"他律"变成"自律"

好孩子不一定是听话的孩子。当孩子不听话的时候，家长可以和孩子进行交谈，把自己的约束潜移默化为孩子内心的自我要求，变成"自律"，孩子的反抗意识就会得到缓解，同时这也有助于孩子的独立发展。

2. 不要压抑孩子，也不要放纵孩子

压抑孩子的反抗并没有多大作用，反而可能会引起孩子更强烈的心理反抗。"哪里有压迫，哪里就有反抗"，这个道理在家庭教育中也是适用的。当然，对孩子也不能过度放纵，当孩子出现严重的原则性问题的时候，父母一定要进行教导，不能任由孩子发展下去。

如果孩子能够顺利地度过这两个逆反期，那么他们的心理健康、智力发展以及意志力、创造力都会得到很大的发展，所以父母一定要重视这两个时期的教育，一定不要在这两个时期让孩子误入歧途。

帮助孩子安全度过青春期

一位心理咨询师说：每年的9月份开学之际，也是我们心理咨询中心最繁忙的时候。这个时候，每天都会有很多新生哭丧着脸走进咨询室，其中大多数是刚刚进入新学校的初中生或者高中生。他们会在这里讲述自己在新生活中的种种不愉快，怀念自己以前的生活。

有这样一个刚进入初中的男生，刚进学校的时候，充满好奇，情绪也很高涨，可是新鲜劲一过，他的情绪就陷入谷底了。他是住校生，每天早上醒来哭一次，傍晚时分哭一次，晚上躺在床上不睡觉，偷偷地流眼泪，他很少与班上的同学说话，只是每天都要给父母打2~3次电话，而父母呢，从没有询问过孩子是否与同学交往顺利，是否能够吃饱睡好，只是不停地询问孩子的功课。

其实，这是新生适应不良综合征的表现，很多新生会不同程度地出现。在新的学习环境中，身体和心理上的变化带来不安，自我独立意识与父母期望也有矛盾，这往往让刚刚进入初中的孩子不知所措，充满迷茫。

作为家长，应该如何帮助孩子渡过这个新生活的起始阶段，让孩子更好地适应中学生活呢？

（1）对新生来说，最初的一个月是适应期。他们从课业压力相对较小的小学进入功课繁重的中学，内心的紧张不言而喻。而在心理紧张的情况下，很多孩子还开始了住校生活，这让他们不能与父母及时沟通，无法倾诉自己的烦恼。所以家长一定要利用好周末时光，多观察孩子的行为，多跟孩子聊聊中学生活，也可以计划一些活动，比如短途的旅游等，这都能增进亲子感情，帮助他们发泄不良情绪。

（2）引导他们憧憬未来。很多新生进入初中后会强烈地想念小学的生活，这是他们对新的变化适应不良的表现。在这种情况下，父母要和孩子聊聊对未来的向往，让他们自己想象初中生活的美好，这样他们就会逐渐摆脱对过去的生活模式的依赖。

（3）孩子进入中学的时候大多处于青春期，他们的身心也悄悄地发生着变化。此时孩子可能不会像以前一样活泼，父母不要感到失落，进而对孩子大发脾气，试图控制孩子。父母要在心里告诉自己，孩子长大了，自己要改变对待孩子的态度。这个时候，父母一定要学会倾听孩子的心声，尊重孩子的隐私。

在孩子刚刚进入初中的时候，父母还有一个很重要的任务，就是帮助孩子树立人生的理想和目标。

有一位13岁的少年，刚刚进入初中，是班里的班长，各方面都很优秀，是个前途无量的孩子。有一天，他看了一个电视节目，记者现场采访一个偏僻乡村的放牛娃。"你在这儿放牛做什么？""让牛长大！""牛长大以后呢？""卖钱，盖房子。""有了房子做什么？""娶媳妇，生娃。""生了娃呢？""让他也来放牛呗！"

没想到这几句远在千里之外的问答，却诱发了这个13岁少年的死亡念头。死前，他在日记中写道："看了电视，我想到了自己——我为什么读书？考大学。考上大学又为什么？找一份好工作。有了好工作又怎样？找个好老婆。然后呢？生孩子，让他也读书，考大学，找工作，娶媳妇……生命轮回，周而复始。这样的生活没有意义，这样的生命没有价值。"

对于刚刚升入初中的孩子来说，他们很容易产生迷茫感，失去了自己的方向。所以父母要多与孩子交流，帮助他树立远大的目标，并且把这些目标拆分成一个个可以实现的小目标，让他每天都活在对自己未来的憧憬里。如果那个13岁孩子的父母能够及时在孩子的心里撒下一片理想阳光的话，也许这一出生命的悲剧就可以避免。

"我都是为了孩子好"是谬论

美国家庭心理咨询师茱迪丝·布朗在《都是为了你好》一书中指出，"在家庭中，妈妈有着强大的需求，但是这些需求往往被高尚的托词乔装遮掩，暗中扭曲孩子的生活。""都是为了你好"就是最常用来遮掩妈妈内心需求的高尚托词之一。

孩子不想吃饭时，妈妈端着碗在身后追着喂："再吃一点吧，为了你的营养，为了你的身体好！"

妈妈给孩子报了钢琴班、美术班、舞蹈班、英语班，每天陪着孩子东奔西跑上课练习考证："为了你的将来着想，为了你的前途好！"

无论孩子做什么，妈妈都会参与其中，干涉孩子的想法："听我的，这都是为了你好！"

茱迪斯·布朗认为，"妈妈们自欺欺人的通病就是，她们为孩子做的一切，无论如何满足了她们自己，却说成是为了孩子。"

"我都是为了孩子好"表面看起来很有道理，实际上却非常荒谬。在这个旗号下，妈妈不仅参与孩子所有的行为，强迫孩子接受妈妈的选择，甚至还会指导孩子何时何地应该以何种方式表达自己：委屈不许哭、失望不许生气、高兴不许喊、对妈妈的话要抱着感激的心情、对妈妈要时刻感恩戴德……

但是请妈妈们安静地思考一下之后扪心自问："你呕心沥血所做的一切，真的都是为了孩子好吗？"

冬季的一天，气温骤降。听到有人敲宿舍的门，小秀站起来去开门。打开门一看，自己的妈妈拿着一件羽绒服出现在自己面前。原来是妈妈听说降温，冒着刺骨的寒风骑车来学校给孩子送羽绒服。

小秀感到啼笑皆非，她告诉妈妈自己并不需要羽绒服。"我这里有足够的保暖衣服。这么冷的天，我们都在宿舍里念书，不会出去的。再说，您顶着大风来给我送衣服，就不怕自己生病啊？"

妈妈听了孩子的一番话，十分恼怒地说："我这不是怕你冷吗？怎么了，我关心你不对吗？我这不是为了你好吗？你怎么这个态度？"说完扔下衣服扭头就走了。小秀追出来让妈妈进屋坐一会儿，她好像没听见，连头都没回。

妈妈感到很委屈，她觉得自己这样心疼女儿，顶着寒风去送冬衣，简直是个伟大的英雄！一路上，她都在想象女儿看见自己时会多么的感激涕零。然而女儿的表现让她失望极了，孩子不但不领情，还将她拱手送上的温暖拒之门外。

女儿也很委屈，她觉得自己已经能够照顾自己了。这么多同学的妈妈都没有来，偏偏只有自己的妈妈来了，小题大做。妈妈总是命令自己无条件地接受关怀，也不看孩子到底是不是需要。

"我都是为了你好！"凡是这样说话的妈妈，内心都有一种自以为是的态度，她把自己当成孩子生活的总指挥，是居高临下的"救世主"，这样的妈妈总是在说，"听我的，我知道什么是对你最有益的！"

但是"都是为你好"的隐含意思是"我为你好才这么要求你，所以你不论喜不喜欢，都必须照办"。实际上这里面存在着一个假设，就是出发点好结果就一定好，但是这个假设是不成立的。另外还包含了一个前提：孩子自己不知道什么对自己好，所以一切都要听妈妈的。对于很小的孩子，这一点或许是事实，但是对于比较大的孩子来说，相信是没人会认同的。

故事中的这个妈妈认为自己是伟大的，无论何时女儿都应该满怀感激地接受，否则就是没有良心。然而，妈妈的做法仅仅是照顾到了自己的利益，却丝毫没有考虑女儿的感受。茱迪丝·布朗将这种"爱"称作"慈祥的虐待"。实际上，这种"爱"所带来的心理伤害，绝对不亚于暴力行为留下的创伤。

当孩子置疑妈妈的行为时，妈妈用一句"我都是为了你好"蛮横地拒绝了孩子的意见。因为这句话的潜台词就是"我的动机是为你好，所以你无权置疑我的行为，即使事实证明我错了，我也不需要道歉，而且你下次仍然应该无条件地服从我。我整天都在为你好，你应该记住我的恩情，你欠我的"。妈妈怀揣着如此蛮不讲理的想法，哪个孩子还敢表达自己的意见呢？这时妈妈扮演的是"债权人"和"施予者"角色，扮演这种角色的目的是要保持对孩子的控制。于是妈妈就这样轻而易举地实施了对孩子的精神控制。

在这句话的威胁中成长的孩子往往既不会表达愤怒，也不怎么会表达爱。他经常压抑自己的愤怒和感情，习惯于以别人的标准要求自己，而且不敢和妈妈做直接的交流，因为交流之前他们的脑海中就已经浮现出了妈妈大怒的样子。

常把这句话挂在嘴边的妈妈们请好好反思一下，"都是为孩子好"真的是为孩子好吗？你真的确定你为孩子选择的就是最好的吗？你是不是用这句话扼杀了自己孩子原本存在无限可能的人生？妈妈们一定要时刻提醒自己，不要用爱限定孩子的人生道路，孩子的生活要孩子自己去创造。哪怕他们在生活中走了弯路，撞了满头包，那也是他们生活的一部分，这些经历会让他们自己的人生更加富有激情，而且妈妈们不妨放松一下自己的心情这样想："也许孩子选择的人生比我设定的要辉煌得多。"

赏识——激发潜能的武器

每个孩子在内心当中都希望得到别人的赏识和肯定，教育家陶行知先生早在半个世纪之前就深刻地指出过：教育孩子的全部秘密就在于相信孩子和解放孩子。而想要相信孩子，解放孩子，首先就要做到赏识孩子，没有赏识也就没有教育。

哈佛大学的心理学家们曾经做过这样一个实验：

有两组男孩，先让他们一起长跑消耗体能，接下来，对第一组男孩给予严厉的批评，对第二组男孩给予热烈的称赞。接下来研究人员对这两组男孩进行体能检测，结果发现被批评的男孩无精打采，体能处于崩溃状态；而被表扬的那组孩子精力十分旺盛，体能恢复得十分迅速，而且充满自信。

因此，心理学家得出这样一个结论：在教育孩子的时候应该多给孩子一些适当的赏识，学会赞美孩子，这对孩子的心理发展十分有利。让孩子感受到父母对他们的关注和认可，这样既可以快速地抚平孩子身体上的创伤，同时也可以促进孩子的身心朝着健康的方向发展。

所以，适当的赏识和鼓励是十分必要的，而家长们也要注意不要对孩子赏识过了头，因为一个孩子如果受到的赞美太多，心理就会出现不同层次的膨胀，而且会找不准自己的定位。这样的孩子将来走在社会上，心理也会十分脆弱的，经不起生活中的挫折。

捷克教育家夸美纽斯，被尊称为教育史上的哥白尼，他曾经说："应当像尊敬上帝一样尊敬自己的孩子。"人性当中最本质的需求就是渴望得到别人的赏识，没有一个小生命为了挨骂而活着。作为家长，轻易不要对孩子说出泄气的话，因为孩子成长的道路犹如赛场，他们渴望父母发现自己身上的闪光点，为自己呐喊加油。

周弘是我国著名的教育实践家，他的女儿周婷婷原本是一个聋哑的残疾人，但是周弘却用了将近20年的时间，不断地鼓励女儿，让婷婷对自己产生信心，认识到自己并不差。在周弘的赏识教育下，天赋不是很好的婷婷反而比其他的孩子优秀了很多，最终成为留美博士生。周弘亲身实践出了这一套赏识教育理念，不仅让自己的孩子受益，而且还改变了更多家庭的命运。

周弘认为，赏识教育的奥秘在于让孩子觉醒。他认为，每一个孩子都拥有巨大的潜能，但是孩子在诞生的时候都很弱小，在他们成长的过程中难免会有自卑情节，这时候就需要父母的赏识教育了。

德国著名的心理学家阿德勒也曾经透露过在他上学的时候，由于缺乏数学才能，对数学毫无兴趣，所以每每考试都不及格。但是后来偶然间发生了一件事情，让他的潜能开发出来了。他有一次在无意当中解开了一道连老师也不会做的数学难题，这次成功改变了他对数学的态度，他觉得自己实在是一个天才。在老师和家长的赏识中，他重新树立了自信，从此以后他的数学成绩突飞猛进，并成了数学尖子生。因此，赏识教育的奥秘就在于让孩子觉醒，自觉地发现自己的潜能。

孩子相对于大人来说，知识少，经验少，缺乏思考能力，所以是一个非常容易接受暗示的群体。父母可以对孩子进行暗示教育，或许会收到更好的效果。

比如有的父母想要改变孩子偏食的习惯，一味地劝说他多吃蔬菜，他可能会很不情愿甚至是干脆拒绝。但是父母如果故意装出吃得津津有味的样子，孩子就会产生"这种菜很好吃"的猜想，从而对吃蔬菜产生兴趣。

除此之外，父母说话时的声音、手势、表情等也可以形成暗示。比如父母说的同样一句话"你干得好"，但是如果声调、语气和面部表情各有不同，就可能会给孩子带来不同的感受，同样的一句话，他们可以理解成为称赞、表扬、嘲弄或者是批评。

父母也可以创造出一些特殊的情景，来对孩子进行心理暗示，创设情景暗示的教育方法有很多，比如说针对孩子的某些缺点或者是错误，父母可以选择适当的电影、电视剧，和孩子一起边看边议论，或者给孩子讲一些有针对性的故事，对孩子进行心理暗示。

珍惜孩子的每一次成功

"知心姐姐"卢勤曾经讲过这样一件事情：

"一次，北京二中一个叫李萌的女孩打电话请我去他们班里谈心。我答应了她，她高兴地说：'星期四下午3点半，我在学校门口等你，我穿一条牛仔裤，手里拿一张《中国少年报》。'

"那天，我到达之后果然看到了那个小女孩。

"结果过了几天，一个叫李紫科的男孩打来电话，也请我去给他们班的同学谈谈心。我一问才知道,李紫科是李萌的弟弟。我知道,自己无论如何也要去,如果不去,在姐弟的竞争中,弟弟就失败了。我答应了他。他同样高兴地说:'星期四下午3点半,我在校门口等你。我穿一条牛仔裤,戴一顶鸭舌帽。'

"不巧,那天正好开会,我赶到他们学校的时候,已经4点了。孩子们见我来了,都激动得哭了。李紫科说:'我真害怕你不来。'

"几个月后,我收到北京二中'家长学校'的邀请,给家长们谈谈孩子们的心声。会后,一位母亲拉着我的手说:'我是李萌和李紫科的妈妈。我的两个孩子都让你费心了。过去,我一直喜欢我的女儿,她学习好,能干,却一直嫌儿子胆小不用功。结果他也成功地把你请到了学校。经过这件事,他就像变了一个人,不仅爱说爱笑了,做起事情来也痛快多了……'"

"知心姐姐"总结说,这就是激励的作用。如果父母让孩子时常品尝到成功的喜悦,那么他将来一定会是一个成功者。有时候,孩子的成功总是小得微不足道,父母也总是很难抓住这些鼓励孩子的细节和机会,慢慢地,孩子也渐渐失去了挑战自我的兴趣。

想要孩子获得成功,妈妈就应该学会相信孩子,让孩子慢慢独立,安心等待孩子的每一次的成功,特别是当他们生疏缓慢地学习新知识时,更要相信他们。如果妈妈不焦躁,静静等待的话,孩子会用平稳的心态去接触、理解新事物。不知不觉间,孩子就长大了,仿佛滴滴细雨汇成江河。所以,放手让他们自己去做。如果孩子做得好,父母也不能疏忽,要及时给予赞美和鼓励;如果心里着急,也要静下心来等一等。毕竟我们不能代替他们呼吸,

17

他们长大后只能靠自己，所以应该选择适合母子生活的方式。

如果父母什么都替孩子做好会很方便，也节省时间。可是，当这个小生命离开妈妈的身体，降临在这世上时，人生就是他自己的了。孩子出生后，只有剪断脐带，孩子和妈妈才能生存。虽然孩子自己做事又慢又生疏，但我们还是应该耐心等待。如果孩子慢慢做好自己应该做的每一件事，他们就会有成就感，妈妈也能体会到抚养教育子女的欢乐。换句话说，如果父母不放手让孩子自己动手，其实是在剥夺他们自己成长的权利。孩子自己动手做的每一件事情，妈妈都可以当成孩子的一次小小成功，今天我的孩子能自己叠被子了，今天我的孩子学会打扫自己的房间了，这些都是孩子的进步。当孩子入学后，离开爸爸妈妈了，孩子能做好学校里的每一件事了。

妈妈可以制作"成功箱"盛满孩子的点滴进步，以此来激励孩子不断前行。

一位妈妈从儿子很小的时候开始，逢人便夸奖自己的孩子："我儿子特别听话，从来不惹我生气。"当着孩子的面，她更是毫不吝啬赞美的话语。有朋友到家里做客时，妈妈会说："你看我的儿子，回家总是先写作业，从来不到处去玩。"客人越多，她越这样说。在她经常有意无意夸奖下，儿子越来越自觉，果然如她所期望的那样，一直都很听话、懂事，很少惹她生气。

这位妈妈还给儿子准备了一个"成功箱"，里面装进了孩子点点滴滴的成就和进步。成功箱里的第一件东西是儿子1岁时画的一幅画，一根歪歪曲曲的直线上勾了几个不规则的圆圈，那是一串冰糖葫芦。曾有人问这位妈妈："这也能算成就吗？"妈妈自豪地回答：" 1 岁的孩子就知道冰糖葫芦是由棍跟圈组成的，就已经很棒了。"儿子上幼儿园了，妈妈为他制作了一个成功表，儿子的每一个进步都用象征性的东西贴上去。如今，儿子的"成功箱"已装不下了。

现在的孩子缺少这种成功感。多年来的应试教育培养了大批的失败者。现在提倡将应试教育转化为素质教育，这就给孩子创造了更多的机会。当孩子获得了成功以后，对于大人来说，要郑重其事地为他鼓掌，不要轻视他的第一次成功。孩子的成长，的确像运动员一样，需要别人为他加油。

给孩子一个可以打破的碗

孩子小的时候好动，拿东西拿不稳，不能掌握轻重程度，于是许多家庭害怕孩子吃饭时打破碗，便给孩子预备一个打不破的专用碗使用。然而有个妈妈却反其道而行之，给孩子一个可以打破的碗。

丝丝一直没有固定的碗，每次吃饭都和大人使用一样的瓷碗。丝丝在 2 岁的时候，有一次吃饭，不小心把碗掉在了地上，"砰"的一声打破了。丝丝第一次打碎碗，看见满地的碎片十分惊恐，"哇"的一声哭了。当孩子看到自己因为不小心把完好无缺的碗变得粉碎，心中肯定充满了不安和自责。于是妈妈安慰丝丝说："没关系，我们一起收拾碎片，一起想办法以后怎么才能不让碗打破？"丝丝跟妈妈一起清扫了碎片后，妈妈又给丝丝拿了一个碗，丝丝非常开心，十分小心地把碗放到桌子上，还用手护着碗

19

不让它掉下去。从那以后，丝丝就很少打破碗了。

孩子第一次打破碗时都十分害怕，因为孩子不是故意的。由于他们的小手还不太灵活，没拿稳才把碗打破了。当他们打破一次碗后，就会小心翼翼想办法不再把碗摔破。倘若大人因为孩子打破了一只碗就不再信任小孩，不给他们使用瓷碗，那么孩子会感受到大人对他的不信任，他们会觉得自己只会给爸爸妈妈添乱，损坏爸爸妈妈的东西，自己什么事也做不好。孩子的世界观还未发展成熟，会从爸爸妈妈的行为和对自己的评价那里定位自己，久而久之，孩子就会因为这种不被信任的感觉怀疑自己，变得不自信。那些平时用不锈钢碗或者是塑料碗的孩子很容易打碎碗，因为他们的家长不信任他们，没有给他们用过瓷碗，令他们没有"陶瓷易碎"的经验。

给孩子一个可以打破的碗，不仅仅是锻炼孩子的肢体动作，更重要的是让孩子得到家长的信任，变得有自信。不过，家长的信任不是盲目给的，当孩子做某些可以预见可能产生危险后果的事情时，家长一定要事先检查，排除可能伤害到孩子的隐患，尽可能避免危险发生。比如让3岁的孩子收碗，一定要保证地面不潮湿，孩子的鞋是防滑的，挪开周围的障碍物，以防孩子摔倒撞伤。孩子有着巨大的潜力，事实证明，很多事情孩子能够做到，只是家长不相信孩子，没有给孩子足够的机会。

妈妈都希望自己的孩子自信阳光，但是却在不经意间流露出对孩子的不信任。自己都对孩子不信任，怎么让孩子充满自信呢。孩子能够感觉到妈妈对自己是否信任的感觉。

一次，丝丝在草地上画画，丹丹拉着外婆的手，好奇地围拢过来，丹丹外婆夸丝丝是个聪明的孩子，"看，画得多好啊，丝丝长大以后要当画家吗？"丝丝开心地说："我要做画家，丹丹要做什么呀？"丹丹说："我要做歌手。"丹丹的外婆说："她能做什么歌手啊！唱歌唱得不好，还胆小，在不熟悉的人面前胆小得不得了。不像丝丝，画画得这么好，唱歌也不错，还那么大方！"丝丝和丹丹顿时愣了，尤其是丹丹，听外婆这么说，脸上的笑容不见了，站在旁边发呆。

让孩子做一些能让孩子觉得有价值的事情，不要刻意保护。怕这怕那，会硬生生地夺掉了孩子宝贵的学习机会，会让孩子否定自我。家长没有让孩子试试，怎么知道孩子不能当歌手呢。如果家长对孩子多一点信任，多一分鼓励，少一点打击和否定，也许孩子长大以后真能向他们的想法发展呢？

孩子的自信是建立在独立做好一件事情后获得的成就感的基础上的，倘若天天把"你真棒"挂在嘴上，不让孩子真正独立完成一件事，孩子的自信还是建立不起来。家长要放手让孩子去做，不是口头夸奖，让孩子去做他感兴趣的事情，哪怕这件事情看起来孩子不可能完成。如果担心孩子的安全，那么家长要做的是给孩子创造一个安全的环境，让他能够在一个安全的环境下独立做事，而不是阻挠孩子。

创造条件，让孩子独立

作为家长，应该有意识地锻炼孩子的独立意识。在日常生活中，妈妈可以创造条件让孩子学会独立。比如让孩子当一次家既锻炼孩子独立面对问题的能力，又能让孩子获得一定的技能和技巧。

然而，根据一项抽样调查显示，某个城市的高中生近六成起床不叠被子；五成从不倒垃圾，也不扫地；七成不洗碗，不洗衣服；九成从不洗菜做饭。还有部分高中生什么家务也不做，个别人连整理书包都还要妈妈代劳，更别说给她一次当家的机会。

针对孩子做不了家务，当不了家的情况。一些妈妈给出的理由是，她还只是个孩子，她现在的任务就是学习，这些事等她长大了再学做也不迟。其实，这些妈妈的一片"苦心"，反而害了孩子，轻则是孩子们不会做家务，更严重的则是养成了衣来伸手、饭来张口的坏习惯，孩子们习惯了接受照顾，而不会照顾别人，以为别人为自己做什么都是应该的，不会为别人着想，不知道自己也有关心与帮助别人的一份责任，缺乏同情心和社会责任感。爸爸妈妈总是体谅小孩年纪小，对小孩的缺点视而不见，但是小孩长大以后，一旦进入社会，肯定不会受到欢迎。

孩子小时，正是品性形成与发展的重要时期，极具可塑性。不能因为孩子年纪小不懂事，而让孩子的缺点放任自流。孩子虽小，却也具有独立的人格，也是家庭中的一员，妈妈应该适时教育，加以指导，让孩子在家里承担一定的责任，为其养成独立的习惯创造机会。

当前我国儿童普遍存在独立生活能力差的问题。究其原因，大多数人都归之于"独生子女"。其实在西方发达国家，许多家庭也是独生子女，但他们对待孩子的态度则与我国的妈妈很不相同。西方国家的妈妈十分注重培养孩子的独立能力，摔倒了鼓励孩子自己爬起来；遇到挫折了，鼓励孩子自己克服困难。孩子在成长过程中，需要妈妈给予孩子空间和机会学会独立成长。

有一个懂事善良的小孩子，名叫曼丽。在她5岁的时候父亲已经过世，陪伴着她的只有穷困的母亲和一个2岁大的妹妹。她很想帮上母亲的忙，因为母亲挣的钱总是难以养家糊口。

一天，曼丽帮着一位先生找到了他丢失的笔记本，于是这位先生给了她10美元。曼丽把钱放到一个谁也找不到的地方。她母亲一直教育她要诚实，绝不能拿任何不属于自己的东西。她把这10美元用来买了一个盒子、三把鞋刷和一盒鞋油，接着她来到街角，对每位鞋不太干净的人说："先生，能让我给您的鞋擦擦油吗？"她是那样的彬彬有礼，因此人们很快便都注意到了她，并且也十分乐意让她替鞋擦油。第一天她就挣了50美分。

当曼丽把钱交给母亲的时候，母亲情不自禁地流下了热泪，喃喃地说："你真是一个懂事的好孩子，曼丽。我以前不知道怎样才能赚更多的钱来买面包，但是现在我相信我们能够过得更好了。"从此以后，曼丽白天擦鞋，晚上到学校上课。她挣的钱已足以负担母亲和妹妹的生活了。

俗话说："穷人的孩子早当家。"穷人家的孩子，由于家境贫困，从小就经历了痛苦和磨难，因而较早地体味到生活的艰辛，从而更加珍惜现在，努力创造未来。从这个意义上说，孩子能否早日"当家"，其实并非只取决于家境，而是看他有没有经受过艰辛。我国古人也指出："父母之爱子，则为之计深远。"因此，对妈妈而言，只有立足于现在，适时地让孩子吃点苦，才能帮助孩子将来早当家。

妈妈为了孩子将来能更好地适应社会,让孩子了解妈妈的辛苦与不易,在孩子上小学高年级或初中时,周期性地让孩子当一天(或两三天)家,是一个行之有效的办法。妈妈可以找一个周末,让孩子为第二天的生活与活动安排做一个预算与计划,然后从第二天早上起床开始,就由孩子上岗指挥与组织一天的家务与游玩。妈妈则在孩子指挥下加以配合,需要多少钱,买什么菜,到哪里玩,坐什么车,走哪条路线,均由孩子来筹划。

妈妈要放手、信任,不要干预,即使孩子安排得不是最合适,也不要当即否定,而是等第二天再与他一起总结,先让他自己提出改进意见,然后再补充。相信孩子对这样的活动会兴致很高,也会十分用心和负责任,快乐与收获定会出乎你的意料。

第 1 章

"雕塑"孩子有技巧

——好妈妈要懂点行为心理学

教孩子用语言代替哭泣

3岁的洋洋正坐在客厅里专心致志地玩着一个小汽车,妈妈在厨房做饭。过了一会儿,洋洋忽然大哭起来。妈妈听见了,赶忙丢下手里的东西冲出去。她发现洋洋正在电视柜附近坐着,小手指着柜子下面,眼睛里噙满泪水。妈妈一看就明白了,是小汽车滑到了柜子下面,孩子拿不出来了。她对孩子说:"洋洋告诉妈妈想要什么,说完妈妈给你拿!""汽车!"洋洋带着哭腔回答。"宝宝乖,你对妈妈说:'妈妈,我想要小汽车。'妈妈马上就拿给你。""妈妈,我想要小汽车。"洋洋听话地重复道。然后,洋洋拿到了妈妈给他的小汽车。

后来有一次,爸爸在书房看书,妈妈在卧室织毛衣,洋洋自己在客厅玩,忽然停电了,可是洋洋没有哭,只是一直喊:"妈妈,快来!我怕……"

其实,洋洋面对黑暗的屋子,能够做到不哭,而是用语言表达自己,这跟妈妈的引导有很大关系。因为在平时的生活中,孩子已经养成了这样的思维方式,遇到事情先用语言表达自己的感受,或者用语言向父母求助。

在孩子进入语言敏感期的初期,他们还习惯用哭泣来表示自己心中的委屈、恐惧或者某种需求。这时候父母应该读懂孩子的表达方式,并且试着让孩子用语言来代替哭泣来表达自己的想法。

父母在孩子的语言敏感期要多多鼓励孩子用语言表达自己,而不是用哭泣来引起别人注意。其实在语言敏感期,孩子不仅需要学习语言,还需要养成良好的思维方式,当然这就需要父母在日常生活中注意对孩子加强引导。

在生活中我们常常见到这样的场景:

孩子吃饭的时候不小心被烫着了,妈妈会这样安慰孩子:"这饭真不好,把宝宝烫着了。宝宝不哭,我们把它倒掉!"

孩子走路不小心被石子绊了个跟头,结果孩子还没哭,妈妈就跑上前去:"宝宝不疼,都怪小石子,咱们把它踢开!"

但是以上的两种场景可能会出现同样的结果,那就是孩子放声大哭。其实这就是孩子误导了孩子的思维方式。在孩子学习语言的敏感期,他们不仅要学习一些具体的名称,更重要的是要学习一些简单的逻辑思维方式。在上面的两个例子中,父母就向孩子传达了错误的因果关系。孩子被烫或者摔倒,与饭或石子是没有关系的,这本是孩子自己不小心造成的,而且孩子也并没有把原因归结到其他事物上面,但是父母却自以为是地帮助孩子开脱,说了那么多"道理",这就让孩子顿时感觉很委屈,于是就用"哭泣"来表达内心的"委屈"。

父母一定要牢记,当孩子因为某些意外觉得自己受了委屈并用哭泣来表达的时候,父母一定要理智,千万不要把责任推给无辜的人或物,而是要用语言告诉孩子真正的原因,让孩子形成正确的思维模式。当孩子学会正确地思考问题时,他就不会动不动就大哭,而是会理智地用语言告诉父母自己面临着什么样的问题,需要父母帮忙做些什么。

吃手也是孩子的成长任务

小兰今年已是 5 岁的孩子了，但仍保留着吸吮手指的习惯。父母每每看到她的这种行为就严加斥责，甚至打骂。然而，孩子仍然难以改变这种习惯，往往下意识地将手指塞进嘴中。如今，小兰的右手食指已经有一些畸形，焦虑的父母还发现了一个现象，每当孩子紧张不安时就会选择这种方式慰藉自己。

在日常生活中，只要稍加留意，就会发现身边有孩子在吃手。如果你的孩子不到 3 岁，那么孩子的这种情况不必特别在意。因为有统计表明，90%的正常婴儿都有吃手的行为，特别是儿童长牙的时候，这是儿童发展过程中的正常现象。

心理学专家认为宝宝到了 2～3 个月时，随着大脑皮质的发育，婴儿学会了两个动作，一个是用小手在眼前摇动，眼睛会盯着自己的小手看，这是看手游戏；另一个就是吃手，因为宝宝最开始是以口来感知外界的，他们就是用这种特殊的方式来认识自己身体的各个部分的。6 个月左右的孩子看见什么东西都喜欢把它放进嘴里，吃手也是同样的道理。吃手可以说是智力发展的信号。随着时间的推移，大部分孩子不用妈妈操心就可以改掉这个坏习惯，因为对他来说，这个世界更大了，他会发现更多的有趣的事情。所以，6 个月之内的孩子喜欢吃手并不是什么大问题。

孩子 6 个月到 3 岁之间的吃手通常是为了排解无聊。此时，吃手就是孩子的心理安慰剂。他们往往在自己的某种需求得不到满足的时候用吃手来稳定自己的情绪，这一时期的吃手现象也不需要纠正。但是需要父母反思自己是不是平时没有花足够的时间陪孩子玩耍，孩子身边的环境是不是过于单调等。如果父母没有发现这样的问题，那么孩子吃手并不是什么大问题，自然而然就会变好。

心理学家进一步指出，孩子在两三岁时吃手是很正常的事情，但如果到了四五岁甚至更大时还吃的话，就有些不正常了，这需要引起家长的注意。

那么，应该如何矫治孩子吃手指这一习惯呢？

1. 要发现并消除环境中的紧张因素

如果父母关系紧张，经常吵架，或者对孩子要求过于严厉，经常打骂孩子等都会加剧孩子吃手的毛病。只有温馨轻松的家庭氛围，才能稳定孩子的情绪，更有利于克服孩子吃手的毛病。

2. 家长不要暗示或强化这种吃手的行为

在孩子出现吃手、咬指甲等行为时，家长就叫嚷："看，他又在吃了！"这样做，不仅不能帮助他克服这种毛病，有时候反而会让情况恶化。当他听到叫嚷时会感到紧张，越紧张，就越会不由自主地咬起来。因此，家长不要总是神经质地监视着他。

3. 父母要在孩子吃手的时候分散、转移他的注意力

可以培养他的兴趣，总是让孩子有事可干，如画画、搭积木，也可以让他帮助父母干点家务，这样孩子吃手的时间就会逐渐减少，而这种不良的行为习惯也可能最终消失。

4. 如果在以上的方法都不奏效的时候，可以试试"厌恶疗法"

在孩子的手指上抹上一些小檗碱（黄连素）或者胡椒粉，让他吃手的时候产生难受的感觉，最终他会对吃手产生一种厌恶感，这样可以减少或消除这种不良行为习惯。不过需要注意的是，这是下下策，父母最好耐心地帮助孩子克服吃手这种行为。

孩子的暴力行为从何而来

1996年5月18日，辽宁沈阳某中学的模拟考场上，一名男生用事先准备好的刀子刺伤两名同学后，扔下刀逃走了。

2001年12月，山西襄汾县的古城中学发生一起初中生伤害事件。这所中学的陈某因与同学发生矛盾，用稀释硫酸制造了一起致使20人受伤、13人被毁容的惨剧。

2002年1月3日，陕西铜川15岁的初中学生余某与一四川打工者一起，向同班同学李某勒索钱财后，又劫持李某向李某父母敲诈钱财。

2004年5月28日上午，江苏泗洪县某中学高二男生陈东因不堪同学欺侮，在校园内用匕首刺伤多名学生，其中一学生被刺中心脏死亡。

2004年2月23日，云南省昆明市云南大学2000级学生马加爵残忍地用钝器将4名同学杀死后逃跑。

2011年12月5日，湖南宁远八中校园出现了暴力事件，学生上午放学后正在吃午饭时，该校学生乐宇星叫来6名社会上不明身份的成年男子，对同校的周某一阵拳脚脚踢，并要求他下跪求饶。

以上均是摘自报纸上的新闻。现代社会的犯罪案件，情节越来越恶劣，而犯罪的年龄也越来越小，而很多研究社会问题的专家把批评的矛头指向了暴力影片。

大量的研究发现，如果儿童看到他人的违规行为受到老师的斥责，他们就可能会避免犯类似的错误。反过来，如果看到他人的反社会行为受到了赞赏，儿童就有可能去尝试这种行为，在道德不良群体中这种现象尤其突出。在这两种情况下，儿童本人没有行动，也没有受到直接的惩罚和强化，但"榜样"所受到的对待方式会影响儿童的道德行为，这就是"替代强化"的表现。

心理学家班杜拉有一个经典实验，研究儿童对攻击性行为的观察和模仿。研究的结果发现：看过有攻击性行为的录像之后，所有儿童都表现出了一定的攻击行为。这就是说，儿童平时对电视、电影中的打斗情境的观察，虽然没有直接地加以模仿，但是也并没有能阻止他们的学习，而且即使是对这些反社会行为给予惩罚，也不能阻止他们对这类行为的无意识学习。此后，只要遇到与影片中类似的情境，上述这些行为就很可能在儿童的实际生活中再现。

研究表明，电视对孩子暴力行为的产生具有重要的影响。在儿童的生活中，看电视是不可缺少的一部分。电视对儿童的价值判断和行为方式的形成有着强有力的影响。不幸的是，如今的电视节目中存在着许多暴力场面。有研究发现，受电视暴力的影响，儿童可能变得在暴力场景前无动于衷，并且会逐渐接受"暴力是解决问题的途径"的观念，并且会认可电视剧中的角色，不过孩子认可的这个角色既有可能是受害者也可能是侵害别人的人。有情绪、行为、学习或冲动控制问题的儿童，更容易受电视暴力的影响。

有时，观看一个暴力节目也会增强儿童的好斗性。儿童大量地观看电视暴力会导致更强的侵略性和好斗性。如果电视节目中的暴力场景非常真实，并且重复出现而施暴者不受惩罚，儿童在观看后更可能模仿所看到的东西。

尽管电视暴力不是儿童产生暴力行为或好斗行为的唯一原因，但它对儿童的暴力行为有着重要的影响，因此，父母应该从以下几个方面保护孩子不受电视暴力的影响：

（1）限制孩子看电视的时间。

（2）注意儿童正在观看的节目以及谁与他们一起观看。拒绝让孩子观看暴力性很强的节目，在暴力镜头出现时换频道或关掉电视机；向孩子解释这样的节目错在什么地方。

（3）在孩子面前表示对暴力场景的不赞同和厌恶，强调这样一种信念：暴力行为并不是解决问题的最好方法。

你的孩子能管住自己吗

东东是一个很聪明的孩子，就是没定性，上课不专心。晚上回家，妈妈给他辅导功课的时候，不是要吃东西就是要喝水，刚坐下没两分钟又吵着要上厕所，来来回回地折腾，本来半个小时就能做完的作业，非得花上两个钟头。东东的妈妈为此头疼不已，她实在不明白为什么东东就不能集中精力，专心学习。

东东的例子比较典型，在小学低年级的儿童身上经常看到的好动、可控性差的特点，这是儿童缺乏自我控制的体现。

自我控制是指个体在无人监督的情况下，从事指向目标的单独活动或集体活动。宝宝自控能力差表现多样，包括做事缺乏坚持性、随便乱发脾气、无故招惹别人等。

自我控制既是个体社会化的重要内容，又是实现社会化的重要工具。自我控制能力差会影响儿童的身心健康、同伴关系、社会适应能力等，宝宝要建立符合社会道德的行为模式必须学会自我控制。

自我控制能力并非与生俱来的，宝宝在后天的环境中，随着生活范围的扩大、生活经验的丰富、认知的发展和教育的影响，他开始逐步学习并掌握了一定的策略来控制自己的活动和情绪。宝宝自我控制能力的发展主要体现在以下几个方面：

初步移情阶段：宝宝由于年龄小，心理认知还没有完全发展等原因，决定了他以自我为中心的心理特点，考虑事情多是站在自己的角度，很少考虑他人。但是这个阶段的宝宝已经具有了初步移情能力，对别人的体会和感受具有了一定的理解能力。

延迟满足阶段：宝宝的自我控制能力在这个阶段的一个重要表现就是延迟满足。宝宝在遇到有喜欢吃的食物又不能马上吃的情况的时候，会控制自己的行为，忍一会儿，直到可以吃的时候再行动。

有效掌握阶段：这个阶段的宝宝已经掌握了一些有效的自我控制方法，对自己的行为和情绪进行调节，比如采取转移注意力、同其他人进行协商等方法。

善于自我控制的儿童又可以称为"弹性儿童"。他们有很强的灵活性，对自己的控制程度随环境变化而改变，在需要控制的时候能很好地管住自己，在不需要控制时也能完全放松自己，如同弹簧一样，既能紧，也能松。这样的儿童在学习的时候能够专心学习，在玩的时候也能尽兴地玩耍。

那么，是不是自我控制能力越强越好呢？其实并不是，自我控制有一个适宜的度。

自我控制过度的儿童很少表达情绪，不会直接表达应该表达的需要，行为刻板，有很强的抑制性，做事情不分心，没有主见。他们平时很少惹麻烦，很容易被老师和父母忽视，容易焦虑、抑郁、不合群。

然而，很多妈妈烦恼的是自己的宝宝学习时太容易分心，一旦想要什么吃的玩的也要马上得到，这是儿童自我控制过低的表现。这样的儿童无法延缓满足，易冲动，情绪多变，在人际交往中带有一定的攻击性。

如何才能提高宝宝的自我控制能力呢？比较常见的做法有：

1. 正确评价宝宝的行为

父母要及时对宝宝的行为做出反馈，宝宝做得对的要积极表扬，同时，宝宝做得不对的也要进行批评，帮助宝宝建立正确的自我评价体系，如：欺负别的小朋友是不对的，主动帮助别人是高尚的行为等。需要注意的是，批评的方法要斟酌，让宝宝抱有希望。只有正确认识和评价自己，宝宝才能提高自我控制的动机水平。

2. 在日常生活中树立规则概念

父母可以让宝宝在实际生活中去体验一些常见的规则和要求，如红灯停绿灯行等，让宝宝真正理解和掌握这些规则要求，从而逐渐养成遵守一定规则的行为习惯，逐步提高自我控制能力。

3. 培养宝宝的坚持性

培养宝宝的时间观念，有意识地延迟满足，让宝宝学会等待，在平时要求宝宝坚持做完一件事情后再去做另一件事，帮助宝宝提高自我控制水平。

宝宝的自我控制能力的发展是一个渐进的过程，家长们要从宝宝还小的时候做起，针对宝宝的特点，采取有效措施，促进宝宝自我控制各方面的平衡发展。

"人来疯"宝宝心里在想啥

"小麻雀"是王爸爸送给女儿的昵称，这个孩子从小就活泼好动，今年已经4岁了，虽然依然是个小淘气，但是也能坐下来安安静静地玩玩具或者看看书。爸爸经常觉得女儿长大了，开始懂事了，非常开心。可是，每次带女儿去亲戚家，或者参加婚宴，又或者家里来了客人的时候，小家伙就会马上恢复"小麻雀"的本性，变得特别兴奋，欢呼雀跃，大喊大叫。一会儿打开电视，把音量放到最大；一会儿上蹿下跳，模仿动物的叫声；一会儿又把洋娃娃抱出来，在客人面前玩过家家……如果爸爸妈妈制止她的这种行为，她反而会闹得更厉害。

相信很多家长都遇到过这种尴尬的场面，甚至平时乖巧、礼貌的孩子也不例外，一旦有客人来了就无理取闹、撒野，弄得父母很难堪，不知如何是好。为什么孩子会出现这种"人来疯"的现象呢？

儿童心理学家认为，家长的过度溺爱或者严厉的管束都有可能会造成"人来疯"现象。我们知道，现在的孩子大多数是"独生子女"，平时全家围着孩子转，无限制地满足孩子的一切要求，导致孩子"自我为中心"的意识特别强。孩子在心里觉得自己的地位"至高无上"，而且已经习惯了这种待遇。但是，在家里来了客人或者到别人家里做客时，父母关注的焦点发生了转移，把主要精力放在招待或应付客人身上了，对孩子的行为和心理状态没有平常那么敏感，孩子一下子感觉到自己从"宝座"上摔了下来，心理落差很大，所以要通过任性、不听话等方法来引起父母、客人的关注，这实际上是在提醒父母：还有我呢，不要把我忘记了。

过度严厉的管束也会引起孩子的"人来疯"现象。平时家长不让孩子与外界接触，孩子就像笼中的小鸟，被抑制了爱玩的天性。如果家中来了客人，而且客人还夸奖孩子活泼，这时候家长又很宽容，不好意思当着客人的面训斥孩子，孩子会敏感地感觉到这种变化，利用这个机会来解放自己。

另外父母要反思自己的家庭生活是不是过于平静，日复一日，气氛单调，所以有人来做客才会打破往日的平静，给孩子带来强烈的刺激，使孩子发"人来疯"。

那么，面对孩子的"人来疯"，父母应该怎么做呢？

首先，父母应该改善家庭教育方法，平时要多给孩子机会与外界接触，多与人交往，以减少看见客人时的新鲜感。家里有客人来时，让孩子与客人接触，学会问好和招待，使孩子懂得一些待客之道。同时还要注意把孩子介绍给客人，这样可以使孩子感觉到不受冷落，大人们交谈的时候，如果不需孩子回避，就尽量让他参加；如果需要孩子回避，也不要把孩子单独支到一边，可以派出父母中的一个去陪他。

其次，当孩子发生"人来疯"的行为时，家长不要急于改变这种情况，因为直接的说教可能会使孩子产生逆反心理。为了改正孩子的"人来疯"情况，家长应该试着和孩子玩在一起，等孩子丧失了戒备心之后，再有针对性地慢慢沟通和解决问题，而不要只是一味强硬地要求孩子改正。

另外,在批评孩子的行为的时候,也要注意方法。如果孩子还小,家长应该抓住时机及时教育,让他清楚自己错在什么地方。要对孩子讲清楚,这种行为是对客人的不礼貌,大家都不喜欢。但是最好不要采取过激的态度,因为那样不仅会让客人尴尬,孩子也听不进去。如果孩子比较大了,最好不要当客人的面教训他,因为这时候的孩子自尊心很强,如果当着别人的面批评他,揭他的短,会让他觉得很难为情。

最后,家长也可以利用孩子的"人来疯",引导孩子在客人面前展示自己的优点和其他特长,出于一种爱在别人面前炫耀自己的心理,孩子在客人面前的表现往往比平时好。

孩子总是欺负同学怎么办

8岁的轩轩散漫、冲动、好斗,言行极具攻击性,一年级下学期就已闻名全校。成绩门门红灯高挂,调皮捣蛋得出奇。老师见他头疼,同学见他害怕,上课破坏纪律,下课欺负同学,一会儿把同学的球抢过来扔掉,一会儿把女同学正在跳的橡皮筋拉得有十来米长,一会儿又故意用肩去撞对面过来的同学。如果谁说他一句,他就会对他拳打脚踢。

孩子之所以欺负人,其实是调动了自己的心理防御机制,将自己所遭受的虐待和承受的痛苦转移到别人的身上,并从这个过程中取得自己心理上的平衡。孩子往往不懂得如何恰当地运用心理机制,那些曾经受过家庭虐待、遭受父母遗弃的小孩多数会选择这种心理防御机制。他们不敢或没有机会将父母带给他们的愤怒直接返还给父母，就把这种愤怒转移到另一个对象上去了。这些"替罪羊"多为更加弱小的孩子，甚至是一些小猫、小狗等宠物。

孩子转移不安的方法通常是采取攻击性行为，也就是欺负别人。攻击性行为不单单指动手打架，它在不同的年龄阶段有不同的表现形式。幼儿园阶段主要表现为打架，是一种身体上的攻击；稍微长大一些的孩子更多地会采用语言攻击，谩骂、诋毁，有意给对方造成心理伤害。从性别上来分析的话，采取暴力攻击的多数是男孩，女孩以语言攻击居多。

通常具有这些暴力行为的孩子，家庭都不太和谐。培养出暴力孩子的家庭通常也有暴力父母，孩子经常会被父母的暴力手段惩罚，这会使孩子产生一种抵触情绪，并把这种恶劣的情绪"转嫁"到别的人身上，找别人出气；有时候父母喜欢看一些暴力电影，经常玩暴力游戏，这也会在无形中影响孩子的行为。此外，家长过度的溺爱也会铸就这种惹事"小霸王"。有时候，父母看似为孩子好的一句话也会引起孩子的暴力行为。

有儿童心理专家曾经提出过这样一个观点：那些总是去欺负别的小朋友的孩子，其实在心里觉得自己是非常弱小的。的确，只有那些觉得自己非常弱小的孩子，才会通过欺负别人的方式来证明自己的强大。但是很明显，孩子的这种自我意识是非常不健康的。

那么，有哪些因素使得孩子把自己定位为弱小的人呢？不管家长愿不愿意承认，家长都要对此负有不可推卸的责任。总是有些家长认为，自己的批评可以使孩子变得强大，但事实却正好相反，孩子不仅没有变得强大，他反而会觉得自己是不被父母接受的孩子，在这个复杂的世界中只有自己才能帮助自己，这让孩子顿时觉得自己很渺小。同时家长的批评让他对人际关系产生很强的恐惧感，这种恐惧感很有可能会伴随他一生。在人际关系恐惧感的影响下，他不会交朋友。但是如果孩子错过了学习如何交朋友的最佳时机，他以后都不会在社会交往中有很好的表现。

为了改正孩子的攻击行为，父母应该注意以身作则，停止自己的那些攻击性言行，创造一个良好家庭气氛；要注意控制有暴力镜头的电影、电视，不让孩子玩有攻击性倾向的玩具；不要鼓励孩子的攻击性行为，要引导孩子进行换位思考，让孩子慢慢放弃用暴力解决问题。

如何应对孩子的"多动症"

5岁的明明是个很难管教的男孩。他几乎没有一刻安静的时候，总是动来动去，即使是在房间里，也总是不停地跑跑跳跳，不是撞到茶几，就是打翻杯子。他出门之后再回家，腿上总是青一块紫一块的，连自己都不知道是什么时候磕的。他吃饭的时候也不老实，总是扭来扭去的，不能安静地吃东西。连睡觉的时候，他都在不停地动，一会儿踢开被子，一会儿把枕头弄到地上。

明明的妈妈听人说，得了多动症的孩子就是这样"屁股长钉子"，怎么也坐不住，因此她觉得孩子患上了多动症。但是医生说，明明只是活动量过大而已，并没有多动症。

那么，什么是多动症呢？它和活动量过大有什么区别呢？

活泼好动是儿童的天性，也是他们的可爱之处。但是日常生活中有些孩子不是活泼好动，而是不听家长、老师的劝阻，不分时间、地点地乱动乱跑，这些儿童很可能就是患上了儿童多动症。

儿童多动症又称为注意力缺陷障碍，是一种以注意力缺陷和活动过度为特征的行为障碍，一般在学龄前出现，其中男孩多于女孩。

多动症的主要表现就是活动过度，多动症儿童经常不分场合地过多行动；但是不是所有的活动量过大都是多动症，那只是多动症的一个表现而已。多动症患儿的行动往往没有目的性，做事经常有始无终。而活动量大的孩子行动是有目的性的，自己还会对行动进行计划。

此外，注意力不集中也是多动症的一个显著特点，与正常儿童相比，多动症儿童极易受外界的干扰而分散注意力，总是不停地从一个活动转向另一个活动。他们在任何场合都不能较长时间集中注意力，即使是在看动画片的时候，也不能专心去做；而那些仅仅是活动量过大的孩子，在做自己喜欢的事情时，是能够全神贯注的。

情绪不稳、冲动任性、易激动、易冲动等都是多动症儿童的典型特征。有研究表明，80%的多动症儿童都喜欢顶嘴、打架、纪律性差，有的甚至还有说谎、偷窃、离家出走等行为。同时由于注意力不集中，多动症儿童还常常出现学习困难，但是要注意的是多动症儿童的智力发育是正常的。

多动症如果得不到及时治疗，将会影响一个人生活的各个方面。青春期时，患儿就会出现一系列问题，如逃学、反社会行为等。到成年期，虽然很多患者会发展出一套行为机制来隐藏多动症症状，但是他们依然无法避免多动症带来的影响：难以与他人融洽相处，因此社会关系紧张；很难较好地完成工作任务，因此无法维持固定的工作并且收入低。

那么面对患有多动症的孩子，妈妈应该采取什么样的方法来最大限度地减少多动症带来的影响呢？

首先妈妈要正视现实，给孩子更多的关心、教育和培养，带孩子去医院进行心理咨询和检查，听听医生的分析。如果确定孩子患有多动症，就要配合医生进行治疗。目前对多动症的治疗主要是药物治疗，但是要在医生的指导下进行，家长不能胡乱给孩子用药。

另外还有一系列的心理治疗方法，妈妈要协助孩子完成。首先是提高孩子自我控制能力。妈妈可以试着给孩子一个简单的题目，让孩子在完成题目之前做好一系列的动作。首先停止其他活动；然后看清题目，听清要求；最后，回答问题。这种训练可以随时随地进行，比如当孩子要看书的时候，让孩子自己把书本、凳子摆好，打开台灯，完成这一系列动作之后再看书。需要注意的是，在进行自我控制训练时，任务要由简到繁，时间要由短到长，自我命令也要由少到多。

另外在生活中，多动症儿童的父母还要注意以下几点：

（1）要正视孩子，不能歧视他，要有耐心地进行教导。

（2）对孩子的要求要适当。不要用对正常孩子的要求来要求患有多动症的孩子。要先把他们的行动控制在一定范围内，然后再慢慢提高要求。

（3）多动症儿童的注意力本来就很难集中，因此在孩子吃饭、做作业时，父母千万不要主动分散他们的注意。

最重要的是，多动症患儿的父母一定要明白爱才是影响孩子治疗效果的决定性因素。父母应该全面了解孩子的病情，关心孩子，爱护孩子，这样孩子才能逐渐好转。

为什么孩子犯了错误总是狡辩

田女士是一个讲民主、尊重孩子的妈妈，一般不会强迫女儿做什么事情，女儿也因此思维活跃、能言善辩，不过现在田女士却面临着一个困惑：女儿越来越喜欢狡辩，无论做什么事总有自己的理由，不愿意听取父母的建议。比如，孩子见到田女士的好朋友从来不叫阿姨，田女士告诉她这样不礼貌之后，她还是不叫，而且还列举了各种理由：我不喜欢叫；我不喜欢这个阿姨；我当时想睡觉，等等。几乎所有的问题，只要她不想做，都有很多理由。田女士不禁为孩子的表现担心起来。

在一个民主自由、喜欢讲道理的家庭中，孩子比较容易养成能言善辩、自作主张的行为习惯，相应地，也容易变得不愿意听取别人意见，喜欢一意孤行。好的教育应该让孩子既有主见，又能听取别人的合理意见，并对自己的行为做出调整。这样的孩子对自己和他人的意见具有较强的分辨能力，不至于演变成顽固地坚持自己想法的人。

讲道理是值得提倡的教育方法，但是为什么很多父母感到给孩子讲道理没有用呢？对于孩子来说，尤其是12岁以下的孩子，他们的心理发展特点是以形象思维为主，还很难理解许多抽象的名词概念，因此这时候对孩子的教育应该以行为训练为主，最好不要用讲大道理的方式进行。比如当孩子不喜欢叫"阿姨"的时候，不必讲很多为什么不叫"阿姨"是错误的大道理，只要培养孩子礼貌待人的行为习惯就好。

另外家长还要反思自己是不是在某些时候对孩子的狡辩表示了赞赏的态度。比如有时候，孩子"狡辩"之后，家长会说："你这小嘴还挺能说！""你还挺有主意！"还有的家长会用假装生气的态度对孩子说："不许狡辩！"但是内心却存在对孩子的欣赏。这种潜在的欣赏比直接的表扬更让孩子有快感，于是他知道了：反驳父母的建议反而能获得父母的好感，所以不听取父母建议的习惯就这样形成了。

此外，父母还要注意的一种情况是，虽然在大多数情况下，父母的要求和做法都是正确的，但还是不能忽略孩子的态度和意见。现在是个多元化的时代，教育的难度增大了。但是我国多年形成的文化中，总是希望孩子听话。可是如今的孩子有了自己的思想，对家长不再言听计从，有时候甚至还会对着干。面对这种情况，家长应该与时俱进，转变观念，和孩子一起成长。时代进步了，不能把自己看不惯的事物通通看作"大逆不道"。要对孩子进行正确的引导，学习与孩子沟通的技巧，建立良好的关系，而不是单纯地责怪和打骂。

父母应该常常鼓励孩子说出自己的想法，不要以"小孩子不懂什么"为理由剥夺孩子表达自己的权利。如果孩子长时间得不到尊重，就会变得不自信，失去应有的创造力；或者会变得非常叛逆，无论什么事情都要进行狡辩，与父母关系恶化。父母在给孩子的建议应该为他留下一定的自由选择空间，让孩子感到配合父母的建议是快乐的、身心愉悦的，这样的话他合作的积极性就会提高。

孩子遇到困难只会哭鼻子怎么办

常听到家长说,孩子一遇到困难就哭,比如玩积木、拧瓶盖什么的,只要是弄不好,就会大发脾气,开始大哭。

两岁多的欣欣在玩新买的积木,这种拼插的塑料积木是她第一次玩,由于拼插的接口不一,需要仔细观察找准相对应的接口才能拼插好,这对她而言是一次新的挑战。玩了一会儿后,欣欣碰到困难了——两块积木怎么也插不进去!欣欣小脸憋得通红,用尽全身之力再试一次,还是不行!她气急败坏地把玩具往地上一扔,大哭起来,"这个玩具不好,拼不进去,我要扔掉它们!"

很多孩子遇到困难也像欣欣这样,喜欢哭或者发脾气,比如扣子总是扣不上、玩具总也插不进、剪纸老是剪不好,碰到这样的挫折时,烦躁得不得了。孩子为什么一遇挫就哭呢?

这是因为孩子年龄小,各项能力还不足,某些事情大人能轻而易举地完成,对于孩子却无比艰难。这时,大人要做的是安慰他,告诉他做不好是因为他还是个小孩子,力气不够,手还不够灵巧,等他多多练习就会做好的。孩子慢慢会明白他做不到不是因为自己不够好,只要多多练习和时间够长的话,他最终能成功。

每个父母都希望自己的孩子能够独自面对社会的压力,越能抗压,说明孩子越强大。其实,锻炼孩子的抗压能力,家长不必刻意制造挫折,只要利用生活中的"挫折"顺势而为即可。孩子在遇到挫折哭闹时,家长要充分信任孩子,相信孩子有抗挫折的能力。孩子在克服困难后会产生成就感和自豪感，感觉到自己的"力量"，并激发下次面对挫折勇于挑战的信心。

但是，中国的父母有的时候，却非常乐意去干那些为孩子扫清前进障碍的活。其实，在最初的时候，每个孩子遇到困难时，都有一种强烈的内心需求：想通过自己的力量去思考、探索、克服，哪怕这个过程历尽千辛万苦。所以孩子碰到成人在提供不必要的帮助时，他们会反抗会哭泣。但是如果成人长期给予孩子不必要的帮助，孩子就会依赖于成人的帮助，不去尝试、不去探索，更不去自己思考了，遇到困难直接找大人求助，自己不会解决。这种情形才是令人担忧的。

在孩子看来，不必要的帮助等于成人在对他说：你不行，我帮你。这样，他不会认为你在帮助他，他感觉到的是你的不信任和轻视。孩子只有通过自己一次次错误和失败的尝试而解决问题后，才能得到自豪感和成就感，从而建立自信。这比成人对他泛泛地说你真棒要有用很多。

有些成人意识到了不必要帮助的弊端，但是有时候克制不住帮助孩子的冲动，看到孩子做某些事情完成得很糟糕或是让我们胆战心惊的时候，就会情不自禁地对孩子施以援手。比如当孩子笨拙地提起裤子，裤子没有整理好的时候，妈妈会情不自禁地想帮孩子把裤子整理好；又比如孩子颤颤巍巍跨小水沟似乎又跨不过去的时候，家长忍不住一把把孩子提起来，帮他跨过去。这样其实破坏了孩子独立完成一件事情的完整性，给孩子传递的信息是：孩子什么都不会做，什么都做不到，要在大人的帮助下才会成功。

所以，家长要尊重孩子所做的努力，尊重孩子的劳动成果，哪怕这个结果不太完美,甚至有些糟糕。在当今世界,事业的成败、人生的成就,不仅取决于人的智商、情商,也在一定程度上取决于人的抗挫折能力。不仅是成功,幸福的人生一样要有较强的抗挫折能力,这样在任何挫折面前才能泰然处之,永远乐观。

孩子任性其实源自一种心理需求

生活中,经常见到一些孩子特别任性,为达到某种目的哭闹不止,把家长搞得精疲力竭。

4岁的明明看到邻居小弟弟的电动小汽车与自己的不太一样,他急于探究这种区别存在的原因,于是明明会在夜里无休止地哭闹着,任性地坚持要妈妈给自己买一辆一模一样的小车来延续自己的探索活动。

一个3岁的孩子正兴高采烈地玩气球,妈妈不小心给碰破了,孩子会顿足大哭,怎么哄都哭闹不止。

人们往往把这种任性归咎于家长对孩子的娇惯,其实这种结论过于简单和武断。

美国儿童心理学家威廉·科克的研究表明,孩子任性是一种心理需求的表现,与父母的娇惯没有必然的联系。他指出,幼儿随生理发育,开始逐渐接触更多的事物,但对这些事物的正确与否,他们却不能像成人那样做出准确和全面的判断。孩子只会凭着自己的情绪与兴趣来参与,尽管有些参与行为会对他们不利。

处于独立性萌芽期的幼儿,对一切事情都想亲力亲为、想弄个透彻,这原本是好事。但是,孩子肯定有他的幼稚性和不成熟性，不可能像成人一样理性。因此，孩子的这种"亲力亲为"的心理行为，往往会不合情理地表现出来，这就导致了我们所说的任性。家长有时需要进行换位思考，从孩子的角度看待他们的行为表现，对其要求不可包办代替或断然拒绝。而要根据当时的实际情况采取不同的措施区别对待，毕竟孩子任性有时也是一种心理需求，应该得到尊重。

但是，绝大多数家长是以成人的思维更多更全面地考虑结果，却往往忽略了孩子的情绪和兴趣。实际上，这些兴趣与要求也正是孩子心理需求的一种表现形式。这些事情表面看起来是孩子太任性，在无理取闹，其实真正的原因是孩子的好奇的心理需求没有得到满足。当这种心理需求得不到安抚和满足时，孩子只能以哭来表示抗议。

随着孩子的成长发育，他们越来越多地接触更多的事物，这些事物带给宝贝很多意想不到的困惑，为了解开自己心头的疑问，宝贝总希望通过自己的方式来解决问题。如果明明哭闹的时候，妈妈能够问明原因并理解他的这种心理需求，并及时表扬明明爱动脑筋，再讲清楚当时的情形下为什么无法满足他的要求，大概孩子就不会哭闹了。

另外，3岁的孩子正兴高采烈玩的气球，被妈妈不小心给碰破了，孩子便哭闹不止。妈妈会认为孩子任性，无理取闹。如果妈妈当时可以从孩子心理的角度去分析，便会明白这是因为孩子已经把这个彩色气球拟人化，把它当作自己的玩伴，气球破了，"玩伴死了"，自然会使他伤心欲绝。婴幼儿的这种心理得不到理解和安抚时，无奈中只得以哭闹来抗议。

总之，面对任性哭闹的小儿，对其进行严厉的批评毫无意义，父母应该把重点放在分辨孩子的哭闹原因上，再想些帮助他的办法。否则，孩子的任性就会越来越严重，这实质上是一种与家长对抗的逆反心理，多因家长初始没有理解和重视他们的心理需求所致。所以，年轻的家长应该多了解孩子的心理，从而理解和接受孩子的心理需求。

让孩子尝尝"自作自受"的后果

18世纪法国教育家卢梭认为："儿童所受到的惩罚，只应是他的过失所招来的自然后果。"这就是卢梭的自然惩罚法则，是世界教育史上的一个里程碑。

所谓自然惩罚法则，就是让孩子学会为自己的行为负责，让他尝一尝"自作自受"的滋味，强化痛苦体验，从而吸取教训，改正错误。例如，孩子不爱惜家里的东西，总是会弄坏一些东西，一次他把吃饭坐的椅子弄坏了，那么家长就不妨毫不留情地让他连续几天站着吃饭。简而言之，自然惩罚法则的关键就是让孩子感到受惩罚是自作自受，是应该受惩罚的。

一个孩子很任性，动不动就摔东西来表示自己的"抗议"。一天，因为妈妈没给他买他想吃的东西，他就把一件新玩具摔坏了，把一本书撕烂了。妈妈更是"强硬"，马上宣布一个月之内不再给他买新玩具和书，一个月后若他还没有改正的行为则继续延长惩罚时间。

英国教育家斯宾塞曾断言："真有教育意义和真正有益健康

的后果,并不是家长们自封为'自然'代理人所给予的,而是'自然'本身所给予的。"自然惩罚实际上是自然后果带给孩子的惩罚,这种教育方法可以很好地避免孩子任性和依赖。

让孩子接受自然惩罚有三点好处:

首先,它是完全公正的。几乎每个孩子在受到自然惩罚时,都不会感到委屈,因为那是他自己造成的;如果受到人为惩罚,孩子们多少会有委屈感,因为人为惩罚常常会被放大。一个不爱护衣服的孩子把衣服弄脏,按自然惩罚的原则,只是让他接受洗衣服的苦头,而孩子则会把这里的原因归结为自己的不小心。相反,如果大人去责骂、体罚孩子,孩子则会觉得不公。

其次,它可以使孩子和父母避免冲突、减少愤怒。但凡认为惩罚、责骂孩子,父母和孩子往往都会生气、愤怒。但是在自然惩罚下,亲子关系因为比较亲切、理性而会联系得更紧密,亲子关系不会受到任何影响。

再次,它可以明确孩子的是非观念,强化孩子的责任心。责任心是一个人在社会中发展必不可少的品质,是孩子健康成长的基石。从小就有责任心的孩子,长大了才能对自己所做的任何事情负责任,才会成为一个站得正、行得端的堂堂正正的人。

不过,让孩子接受自然惩罚,妈妈必须明确的一件事——惩罚不是体罚。这也就是说,当孩子做出过失行为并造成自然后果时,你需要分析这种自然后果是否会伤害孩子的身体健康。如果这种后果已经对孩子的身体健康造成伤害,那么就会失去教育作用。

当孩子做出一种行为时,妈妈可以帮助孩子分析这种行为可能产生的后果并告诉他。如果孩子坚持做出这种行为并产生不良后果时，妈妈不必给孩子讲道理，让孩子顺其自然地接受后果，自己去处理他造成的烂摊子。但是，在孩子处理自己的烂摊子时，妈妈在一旁冷眼旁观即可，而不能添油加醋地嘲讽，否则就不利于孩子正视自己的行为，甚至还会变本加厉地重复错误的行为。

再有，每个孩子都有不同的个性特征，在实施自然惩罚时，妈妈还是应该有所区别。比如有的孩子对自然惩罚满不在乎，抱一种无所谓的态度：玩具坏了不给买，我不玩；衣服撕破了不给换，我就穿破的。如果是这类孩子，那么自然惩罚对他是产生不了刺激作用的，所以妈妈也没有必要采用这种教育方法，而应当换另外一种行之有效的办法。

对孩子骂人要具体问题具体分析

第一次听到孩子冷不丁地说出"我打死你""你是猪"等骂人的话或者其他脏话时，大多数父母想必都是心头一震，大声斥责："你这是跟谁学来的？""谁教你的？"这些不好的话当然不会是孩子自己想出来的，而是孩子听见别人说，然后才跟着学会的。

孩子听到别人说的话后会跟着学，这就是学习语言的过程。骂人、说脏话也是一样的，孩子并不知道自己所说的话的意思，他们只是在重复自己刚刚学到的语言。另外，当孩子学会骂人说脏话的时候，这意味着他的社会关系正在逐渐扩大，已经超越了单纯的家人范围。家长们不必为了孩子骂人说脏话而过分担心，认为孩子有什么问题，要认识并接受孩子的这种成长过程。但是这并不是说家长可以允许孩子用脏话来表达想法，当孩子骂人、说脏话的时候，家长要告诉他如何正确地表达自己的思想。

在孩子2岁半左右的时候，孩子的自我意识开始萌芽。这时候，孩子忽然惊奇地发现，语言是一种神奇的力量：语言能让人发脾气，能让人伤心落泪……正是因为这个原因，孩子开始快乐地试验语言的力量。其中骂人、说脏话也是他们体验语言力量的一种方式。

由于家长对这些骂人的话和脏话非常敏感，当孩子使用这些语言时，家长或者会强行制止孩子，或者会对孩子大发雷霆。家长的这种表现反而让孩子更加深刻地感受到了语言的力量，体会到了语言所带来的快乐，所以他们就更加喜欢使用这些语言。

那么，面对孩子这些骂人或诅咒的语言，家长应该如何科学地对待呢？

一天早上，郑丽正在给3岁的女儿穿衣服，女儿忽然来了一句："臭妈妈，你真坏！你弄痛我了！"郑丽也是心头一惊，但是脸上没有表现出来，反而平静地对孩子说："衣服穿好了，快去洗漱吧！"女儿脸上露出有些惊奇的表情，但她不甘心，嘴里不停地喊着："臭妈妈、坏妈妈……"郑丽假装没有听到，仍然忙着手里的家务。最后，女儿终于沉不住气了，她一边摇妈妈的胳膊，一边对妈妈说："妈妈，我在说'臭妈妈'！"

郑丽依然一脸平静："是，妈妈听到了。乖女儿，我们该吃早餐了吗，去吃饭吧！"女儿有些奇怪地结束了这个无趣的游戏。

之后的一段时间里，女儿开始全面地运用这种语言，叫奶奶"臭奶奶"，叫爷爷"臭老头"，有时候还会专门跑到有些严肃的爸爸面前喊道："臭爸爸！笨爸爸！"

但是全家人都对此没有反应，依然该怎么对待孩子还是怎对待孩子。原来，郑丽已经偷偷跟全家打过招呼了：不管孩子运用多少"恶毒"的语言，我们都不做出任何反应。

没过几天，女儿终于彻底放弃了这个无聊的游戏。

孩子第一次骂人说脏话的时候，大部分情况不是为了表达生气的情绪，而是淘气。他只是发现语言具有力量之后，一边试验语言的力量，一边与身边的人玩激怒你的游戏。但是如果家长对孩子的游戏不做反应，孩子很快就会主动放弃这个没意思的游戏。

对待2~6岁这一年龄段孩子的骂人行为，家长们没有必要对孩子发怒或者急于纠正孩子的行为，而是应该对孩子的这些语言不做任何反应。但是如果孩子长大后并且已经明白骂人的目的之后还出现这种情况的话，妈妈就应该用非常严肃的语气指出孩子这样做是不对的，并且让他改正不再重犯。

孩子有自慰行为时应怎么办

幼儿自慰行为，是指幼儿用手或其他方式刺激自己生殖器的现象，如采取夹腿的姿势，骑坐在某些物件（娃娃、枕头或桌椅的棱角）上，通过触碰生殖器以达到快感。几乎所有儿童在生长发育过程中均会出现这种表现，不到1岁就可能发生，幼儿期和青春期比较明显。

根据研究，引起孩子自慰的原因通常有以下几种：

（1）缺少必要的关爱。3~6岁的孩子已处于一个特殊的性心理发展阶段，这个阶段被称为"性蕾期"。如果这一阶段幼儿的情感世界缺少关爱，就会通过触摸自己的性器官而得到安慰或消除自己情绪上的不安和焦虑。

（2）好奇心强。幼儿期正是人的一生中第二个激烈变化的时期，是好奇心极为旺盛的时期，孩子可能很早就感觉到父母对性器官及性问题的回避。家长对性器官及性问题的回避，恰恰引起孩子更大的兴趣和好奇，促使他忍不住摆弄自己的性器官。

（3）生理因素。生殖器局部的疾患常常是幼儿自慰的原因，如湿疹、局部发炎、不够清洁等引起的瘙痒。幼儿感到不适就可能经常触摸这些部位。

（4）衣服太紧。很多家长为了漂亮或是其他原因，给孩子选择不适合的衣服。衣服紧贴在身上，会使孩子感到紧绷不适，从而逐渐产生触摸性器官等自慰行为。

（5）心理因素。曾经受过性侵害的孩子，会在心里留下极大的阴影，而处在幼年的孩子心理还不健全，不会去合理地排遣，因此极有可能通过自慰来消除心中的恐惧和不安。

父母和老师对孩子的自慰行为不必大张旗鼓、兴师动众地寻求治疗途径，既不要惊慌失措，更不要打骂吓唬孩子，以免使孩子产生"性罪恶感""性恐惧感"。自慰一般不会使幼儿出问题，倒是父母的过度反应会造成幼儿精神上的负担，甚至导致孩子成年后的性心理障碍。那么家长和老师发现孩子有自慰行为时，该如何做呢？

（1）首先父母和老师要纠正观念上的错误，从科学的角度正确地看待孩子的自慰行为，认识到这是孩子在成长的过程中的自然现象。同时了解性教育的重要，它也是一种人格的教育和情感的教育，养成幼儿对性的健康态度，有正向的行为并展现适宜的性别角色认同，培养幼儿的健康态度和解决问题的能力。

（2）找出幼儿自慰的原因。例如检查一下孩子的裤子是否太紧、太脏；孩子的阴部是否发炎，有外伤；孩子是否在模仿影视片中或父母的性行为等。只有找到孩子自慰背后的真正的原因，才能够更快更彻底地消除这种行为。

（3）注意力转移法。丰富幼儿的生活，使之多样化、趣味化，把幼儿的心思和精力都用在感兴趣的活动上，如：画画、游戏等。避免孩子因过分寂寞无聊而将注意力集中在自己的生殖器官上。

（4）监视、制止幼儿的自慰行为。父母应平心静气地告诉孩子不要随便玩弄这些部位，既不好看，也不卫生，可能引起炎症。切忌使用刺激性语言，以免挫伤孩子的自尊心。

（5）家长和教师对自身行为的注意与修正。3～6岁的孩子出于对身体的好奇，常有好奇的窥视欲望。为此，父母应避免在孩子面前过度亲热。父母对孩子的亲热行为也要有度。当然，也不要刻意剥夺孩子与异性亲人的正常情感交流，防止孩子产生不必要的逆反心理，避免强化孩子的恋母或恋父情结。

（6）培养幼儿养成良好的卫生习惯、睡眠习惯，尽量减少环境中诱发自慰行为的刺激，父母要注意孩子阴部的卫生，保持干燥、整洁。孩子的内衣裤要柔软、宽松。让孩子早睡早起，注意睡眠姿态，入睡时不要把手夹在双腿间，不要俯卧。不要让孩子从事有可能刺激性区的活动，如爬树、抱枕头等。

从本质上看，幼儿自慰行为是求知欲、好奇心和生理需要的表现。任何年龄的孩子自慰都是正常的，只要家长和老师有足够的耐心，孩子的自慰行为的矫正不是问题。

第2章

为孩子的情绪解套

——好妈妈要懂点情绪心理学

认识依恋，满足孩子爱的需求

前面我们已经提到过妈妈与孩子之间建立良好的依恋关系对于孩子的重要作用，那么妈妈要怎么做才能更好地满足孩子对爱的需求，建立起稳固的依恋关系呢？

1. 父母要保证孩子有比较固定的依恋对象

依恋关系的建立不是很快就能形成的，它需要经历一个过程，而一个或几个特定的成年人持续照顾孩子是他获得安全感的重要途径。如果父母不能亲自带孩子，或者照顾孩子的人总是在变，那么孩子是很难建立起稳定和安全的依恋关系的。如果孩子的主要照顾者突然离开，由陌生人接替，那么由于这个人不了解孩子的气质与个性，就会使孩子安全感缺失。这也是我们提倡自己的孩子自己带的原因。如果妈妈真的工作很忙，不得不随时离开，那么家里最好至少有两个人能同时担当起妈妈的角色，这样在妈妈离开的时候，孩子不会产生过大的心理落差。

2. 提供充满爱心的照顾

并不是只要孩子与妈妈在一起就一定能建立起安全的依恋感。孩子先天的气质类型决定了他们有不同的需要，而他们对回应速度和回应方式的要求也是不一样的。这必然会给妈妈的养育带来很大的难度。所以，即使是生他养他的妈妈也要充分了解孩子身心发展的规律，与孩子充分地磨合后才能通过孩子的行为读懂孩子的想法，并且给予及时准确的回应。父母要善于识别孩子发出的需求信号，拥抱、谈话、逗孩子笑，这样才能让孩子有真实的被爱的感受和愉快的生活经验。这种互动可以促进孩子与外界沟通互动，产生对父母的信任感，并且将这种信任感推及他人。其实在孩子的婴儿时期，如果想让他们产生安全感，就是要做到"一哭就抱"。因为，此时婴儿与父母唯一的交流手段就是哭。如果他哭时，父母置之不理，这其实是阻碍了亲子间的交流。而一哭就抱，则让孩子感到自己唯一拥有的交流工具非常有效，不知不觉中就会增加婴儿与父母的互动。而婴儿与外界互动越多，获得的回应越多，他的感情和智力也会成长得越快。父母从小鼓励孩子"发言"，他长大以后才能够更顺畅地与别人交流。

3. 对孩子的需求延迟满足

有的父母担心事事顺着宝宝，会养成他任性的坏习惯。其实这种担心不无道理。科学的做法是，要积极回应孩子的需求但是不要立即满足。这要怎么做呢？其实很简单，当孩子产生各种需求时，父母可以先用声音和肢体动作回应，让他知道到父母听到了他的呼唤，让他学会在希望中忍耐几秒钟。这种几秒钟的忍耐和等待，不仅不会损害孩子的健康，还会对他的心理健康、智力发育以及交往潜能产生积极的促进作用。

4. 陪伴孩子但不干预行动

孩子在2岁左右会进入一个"反抗期"，此时他们希望摆脱大人的控制，自己去探索世界。此时，父母要做的是为孩子提供安全感，但是不要过度保护。很多家长认为陪孩子游戏就是要为孩子做点什么，其实这是一个错误的认识。陪孩子游戏，重点在孩子。如果孩子需要你参加，你就要及时参与到孩子的游戏中；

如果他不需要，你完全可以坐在一边做些自己的事情。其实孩子只要能够听到大人的声音或者知道大人在哪里，他们就会产生安全感，不会害怕。慢慢地，孩子的安全感得到发展和提高之后，他们就学会了独自玩耍。

总之，当孩子需要关爱时，如果父母能够及时给予，就好像在他的心里建起了一座安全的港湾，这会让他的心灵安定，健康成长。

不要擅自剥夺孩子应得的母爱

一对夫妻在事业上非常有成就，结婚生子后，两个人一起到国外去攻读博士学位，临行前他们将孩子托付给爷爷奶奶照顾。3年之后，他们学成归来，把孩子接回了自己家。孩子刚接回来的时候还挺乖的，可没过多长时间他就开始跟爸爸妈妈较劲，不服管教。爸爸妈妈也发现孩子身上有许多爷爷奶奶惯出来的坏毛病，于是他们千方百计想把孩子的这些坏毛病纠正过来。结果，父母和孩子之间的战争不断，大人烦恼、孩子生气，一家人整天都处在不愉快的氛围中。

这个家庭出现的问题，其根本原因是孩子没有在父母的身边长大。孩子刚接回来时乖巧的样子是因为他跟父母还不熟悉，之后开始跟父母"叫板"，并提出很多无理要求，这是孩子开始在心理上依恋父母的表现。孩子从小远离父母，没有体会过和妈妈的绝对依赖关系以及在妈妈怀里的安全感，所以孩子需要补偿。

这个补偿的过程同时也是孩子退化的过程，他会突然变得不如从前，甚至越来越爱犯错误。其实，他只是在试探妈妈是不是真的爱他，是不是会无条件地接受他。经过顶撞和冲突，亲子关系大多会变得更加亲密。如果孩子接回来之后一直都很乖巧，从来不知反抗或顶撞，这才是最可怕的现象。因为这样的孩子很难对父母敞开心扉，他对待父母可能会一直客客气气的，就像对待陌生人一样，那时候父母要想介入孩子的世界，就更加困难了。

在儿童成长发育的关键时刻，他会和日夜照料他的妈妈建立起强烈的母子感情，这种强烈的情感是维系母子亲情的纽带。而早年没有得到妈妈照顾的孩子并没有建立起这种感情纽带，和妈妈的心理距离很远，再加上生活习惯有差别，母子之间极有可能互相看不习惯。由于没有感情，妈妈教育孩子的时候通常也不会手下留情，孩子对妈妈的教育也不情愿接受。时间长了，母子之间没有形成感情依恋，反而形成了强烈的心理对抗，冷漠的种子也就埋下了。

与父母长期分离对孩子的成长十分不利，严重者会导致儿童性格上的缺陷。因此，父母要尽量在孩子身边，使他能够健康快乐地成长。

有一对夫妇离婚，5岁的儿子由父亲抚养。一段时间之后，孩子开始不吃东西，也不说话，经常哭闹，后来到医院经过精神科医生的诊断后发现孩子已经患上了儿童抑郁症。在医生的建议下，孩子的妈妈把孩子接到身边，经过妈妈精心的照顾，尤其是感情上的抚慰和交流，孩子终于又开口说话了，也恢复了儿童应有的天真烂漫。

这是一个典型的由于母爱被剥夺而罹患儿童抑郁症的病例。

因为孩子被强制剥夺了得到妈妈关爱和呵护的权利，所以孩子在心理上产生了强烈的不安全感。母爱被剥夺除了可能引发儿童抑郁症之外，长大成人之后也很容易受到刺激罹患各种心理疾病，或者形成过于内向、胆小的个性特征。

因此，父母一定要利用一切机会多与孩子在一起，与孩子进行感情的交流，培养孩子与父母的感情。有些父母因为工作的关系，一旦孩子不吃奶了，就送到外地交由他人抚养，等到上学时再把孩子接回来。其实，这种做法对孩子的伤害是很大的，因为一旦错过了与孩子发展亲密关系的"关键期"，父母与孩子就很难再建立亲密的关系了。感情的疏离，会给孩子的心理带来无可挽回的伤害。

孩子在出生的头几个月和他的母亲发生了广泛而持久的联系，这相当于经历了一个敏感的社会化阶段。这种联系的目的不完全是从母亲那里获得物质报偿，更重要的是形成一种稳定的依恋关系。只有早期建立了这种牢固的依恋，成年后他们才有和其他人建立良好人际关系的可能。

孩子有了被爱的经历，他长大后才会爱别人，爱社会，才能友好地与他人相处。所以为了孩子的未来，妈妈要尽量做到以下几点：

（1）提高做母亲的敏感性，及时地应答孩子的需求。

（2）多和孩子做亲密的身体接触，婴儿抚触操就是一种很好的方法。

（3）按照孩子的需求调整自己的行为，不要把自己的意识强加给孩子，不能心情好时就和孩子玩，心情不好时就拿孩子出气。

别让孩子患上"肌肤饥饿症"

相信很多人都有过这样的感受，当自己情绪低落或者不开心的时候，自己亲近的人如果能够给我们一个拥抱甚至只是拍拍自己的肩膀，我们内心的痛苦就会减少很多。产生这种感受的原因其实来自我们小时候父母给予的照顾。爸爸妈妈在孩子伤心失望的时候常常会用拥抱和爱抚来表达他们的关切和安慰。最终我们形成了这样的条件反射，那就是只要是亲近的人对我们做出这种动作，我们就会感到踏实和安慰。

其实除了条件反射之外，我们还对拥抱有着天生的依赖。很多研究都得出了这样一个结论："人类和其他的恒温动物都有一种天生的特殊情感需求，也就是互相接触和蹭摩。"这种需求被称为"肌肤饥饿"。刚出生不久的孩子对这种接触的需求更加强烈，所以从某种程度上说，小孩子喜欢大人的拥抱和抚摸是天生的，而这种来自父母的爱抚也是他们健康成长的动力。

心理学家米拉尔德的研究表明，拥抱和触摸的感觉让孩子充满活力并且是大脑的兴奋和抑制达成一种协调。所以，拥抱和触摸能够促进孩子大脑的发育，提高智商并且使他的心态保持平和。

那么如果一个孩子长期处于"皮肤饥饿"状态会怎么样呢？研究证明，长期缺少温柔的爱抚和拥抱的孩子在身体和精神上都会出现问题。首先，孩子会出现食欲下降。许多处于皮肤饥饿中的孩子会出现食欲下降的现象，而因为没有足够的营养，所以孩子的身体发育也会受到影响。此外,缺少肢体接触的孩子还会出现智力发育缓慢的现象。当然,长期的"皮肤饥饿"造成的最严重后果就是对孩子心理问题的影响。他们常常会表现出孤独和胆小的心理,有的孩子也会患上"恋物癖",他们在正常的恋物期过后依然不能放弃身边的安慰物,总是要搂着那些"安慰物"睡觉。长此以往,孩子极有可能出现极为严重的恋物现象。

所以在孩子的成长过程中,父母一定要适时给予拥抱,避免他们产生"皮肤饥饿"。

在孩子小的时候,父母大多喜欢抱着孩子玩,这是很正确的做法。因为这会让孩子变得更加聪明,促使他们形成健康的人格。有些父母可能会说:"我长时间不抱孩子,他也不会哭闹,所以我们家孩子对拥抱的需求少一些。"其实这种认识是错误的。孩子渴望被人拥抱是正常的心理需求,如果孩子对这种接触的需求不强烈,那么妈妈要注意孩子是不是有心理或者生理上的问题。还有些父母说:"我总是抱着孩子的话,孩子长大后就会黏着父母,这样长大的孩子怎么能独立面对社会呢?"这种观点表面上看起来似乎很正确,但是事实上忽略了孩子的成长规律。0～1岁孩子的培养重点并不是他的独立性,而是与父母形成良好的依恋关系,此时的独立性培养只能让孩子丧失健全的人格,是一种得不偿失、揠苗助长的行为。

随着孩子渐渐长大,亲子间的接触也渐渐地减少了。很多父母不知道,青春期是孩子可能产生"皮肤饥饿"的另一个关键时期。这个时期经常被触摸和拥抱的孩子往往拥有比其他孩子更好的心理素质,还能消除孩子的沮丧心理。同时这时候的肢体接触可以大大减少亲子间的摩擦,这对孩子顺利度过青春期大有好处。

正确看待孩子的"认生"

风和日丽的一天,妈妈带着1岁半的乐乐在公园小路边的草丛中玩耍。可爱的蝴蝶从乐乐眼前翩翩飞过,乐乐高兴地晃动小手,试图用小手抓住蝴蝶,却见蝴蝶轻盈地从她的手前掠过,逗得乐乐手舞足蹈。这时,邻居家的王爷爷从远处走来,笑眯眯地对乐乐说:"乐乐,爷爷抱抱你?"说着王爷爷就伸出了双手,乐乐"哇"的一声哭了起来,推开王爷爷的手,哭着跑向妈妈。妈妈抱起她一边安慰,一边说:"这是王爷爷,怎么不认识了?上次王爷爷抱你时,你还那么听话,怎么突然间就不乖了?"

认生不是突然发生的,它也是一个逐渐显露的过程。4个月的婴儿对陌生人也笑,只是比对母亲笑得要少。他们对新奇的对象显示出极大的兴趣,不害怕陌生人。4、5个月的婴儿注视陌生人的时间甚至会多于注视熟人的时间。到了5~7个月,婴儿见到陌生人往往会出现一种严肃的表情,7~9个月见到陌生人时就感到苦恼了。

很多孩子在1岁多的时候都会出现认生现象,其实这是孩子身心发育过程中一种很正常的现象。在心理学上,人们将婴幼儿对陌生的人所表现出来的害怕反应称为怯生。过去有一段时期,人们认为怯生和依恋一样,是一种不可避免的、普遍存在的现象。但是现在许多研究表明,认生不是普遍存在的。孩子对陌生人的害怕取决于很多因素,这些因素包括陌生人的行为特点、儿童发展的状况、儿童当时所处的环境，等等。

下面是引起儿童认生的几个因素：

1. 父母是否在场

如果父母抱着孩子，这时即使陌生人进来，对孩子的影响也不大。但是如果母亲与婴儿有一定的距离，那么孩子就可能害怕。

2. 看护者的多少

如果婴儿只由母亲一个人来看护，那么他所产生的害怕的程度可能比由许多成人看护的婴儿要高。在托儿所看护的婴儿与在家里看护的婴儿相比，前者发生认生的情况比后者少。

3. 婴儿与母亲的亲密程度

婴儿与母亲的关系越亲密，婴儿见到陌生人越害怕。

4. 环境的熟悉性

如果自己家里进来一个陌生人，那么他们几乎没有认生的反应；要是婴儿在一个陌生的环境里，这时有陌生人走进来，有50%的婴儿会产生害怕。

5. 陌生人的特点

婴儿并不是对所有的陌生人都感到害怕，他们对陌生的儿童的反应与对陌生成人的反应完全不同，他们对陌生儿童产生积极温和的反应，而对陌生成人感到害怕。此外，脸部特征也是引起婴儿害怕陌生人的重要因素。

6. 婴儿接受刺激的多少

婴儿平时获得的听觉刺激和视觉刺激越多，越不容易认生，这是因为儿童已习惯于接受各种刺激，所以即使陌生人出现，他们也不觉得新奇，因而不太容易产生害怕的情绪。

那么父母怎样做，才能让孩子不认生或减少认生的情况，塑造活泼开朗的性格呢？

首先要抓住孩子不认生的阶段（3～4个月以下）多带婴儿到更广阔的生活天地中活动，接受丰富多彩的刺激，特别要让孩子接触各式各样的人群，熟悉男女老少、成人、儿童的各种面孔；对于安静内向的婴儿来说，父母要有意创造与人接触的各种条件与环境。这一段时间的训练，也是决定以后是否会认生的关键。

3～4个月以后的孩子已经有了认生现象，这个时候既不要避免让他们与陌生人接触，也不要强迫他们与陌生人接触，否则会适得其反。父母可以经常带孩子到亲朋好友家串门，或邀请他们来自己家做客。但是要避免众多的陌生人七嘴八舌地一起与他打招呼或争抢着抱他的情况发生，因为这会使他缺少安全感，增加认生的程度。

到了2～3岁仍然认生的孩子，父母不要当着孩子的面经常提起他这个缺点，以避免增加孩子的心理压力。可以常带孩子到儿童游乐场，先让他与陌生的孩子交往；还可以为孩子寻找不认生的孩子做伙伴；当然，当孩子能够自然地回答陌生人的问话或有礼貌地跟陌生人打招呼时，一定要及时肯定和称赞。

归属感是孩子最早的安全感

建筑师要想修建一所结实的房屋，需要有又稳又深的地基。人的生命要想健康长久地成长，也需要有稳固的地基。小孩出生后，地基便开始"建筑"，在这里，生命的地基便是人的"安全感"。

安全感是一种人在社会生活中感到安心不害怕的感觉，当环境中可能出现对身体或者心理有危险甚至潜在危险的情况时，安全感能够使人预感到出现的环境变动，人在其中主要表现为确定感和可控感。

安全感是生命的地基，即心理健康的基础，孩子在满足了安全感的基础上才能带着稳定的心理去探索未知的广阔世界，追求更高一层的需要，带着自信心去和小伙伴打交道，融入学校生活里，在小伙伴和学校里体会到自己的价值。相反，如果孩子有过度的不安全感，将会引发孩子的心理问题和疾病，导致精神障碍，甚至神经症。

当孩子从妈妈身体中分离出的那一刻起，脱离了妈妈身体的庇佑，孩子面对陌生的环境十分恐惧和不安。为了减少恐惧，孩子会在妈妈那寻找心理上的安全感和归属感。而这安全感和归属感会成为影响孩子身心健康的基础。变动可以引起孩子极大的无归属感和无安全感。

2009年，深圳市妇儿工委办联合市妇儿心理咨询中心对全市1500个8～17岁的流动儿童心理情况进行了抽样调查。调查结果显示，深圳市近六成流动儿童感到自卑、敏感、情绪不稳定，他们与人交往合作能力较差。其中，自卑是这些流动儿童心理问题的集中表现，近30%的流动儿童感受压抑、被歧视，认为城里人看不起他们。这些孩子大多性格内向，行为拘谨，自卑心理较重，自我保护、封闭意识过强，存在相对孤僻性，以至于不敢与人交往，不愿与人交往。占一半以上的流动儿童通常是与自己的老乡一起玩耍，因为熟悉和有伙伴，这些小孩更喜欢老家，而不是现在生活的地方。

流动儿童是伴随我国经济的快速发展，越来越多的农村剩余劳动力流入城市里出现的现象。这些孩子出现的自卑、敏感、情绪不稳定等各种心理问题，都是由于流动问题导致他们没有家的归属感。孩子在幼年时期缺乏家的归属感在流动儿童中最为典型。妈妈们可以从这些流动儿童中看到归属感对小孩的人格发展的影响是多么重要。

所谓归属感，是指孩子觉得自己属于爸爸妈妈组建的家庭中的一员，属于学校班集体里的一员，属于伙伴们中的一员。在这一个个集体中，自己被集体中的其他成员接受、认可，在集体中是有价值的，必须存在的，不是可有可无的，能和集体有共同的感受。当孩子觉得自己被加入的群体接受时，会感到一种安全感和踏实感。

据有关研究发现，归属和爱的满足与生活满意度有很高的相关度。流动儿童因为生活的颠沛流离，有先天的生活条件不足的缺陷而得不到归属和爱的满足。美国著名心理学家马斯洛在1943年提出"需要层次理论"，他认为，"归属和爱的需要"是人的重要心理需要，只有满足了这一需要，人们才有可能"自我实现"。

研究人员给31名严重抑郁症患者和379个社区学院的学生寄出问卷，问卷内容主要集中在心理上的归属感、个人的社会关系网和社会活动范围、冲突感、寂寞感等问题上。调查发现，缺乏归属感是一个人可能经历抑郁症的最好预测剂。归属感低是一个人陷入抑郁的重要指标。

早在1998年夏天，美国心理学专家就断言：随着中国商业化进程的不断推进，心理疾病对自身生存和健康的威胁，将远远大于一直困扰中国人的生理疾病。上述表现概括起来就是思想上无所寄托，生活上丧失信心，对亲友无牵挂感。说到底就是归属感不强。

在孩子的安全感形成过程中，归属感是孩子最早的安全感。归属感和安全感从来都是相伴左右，有着密切的关系的。妈妈们在孩子小的时候，给了孩子充足的归属感，孩子能够体会到父母的爱和家的温暖。孩子会对世界感觉到安全，认为这个世界是安全的、可靠的、善良的，并在此过程中建立对世界和对自己的基本信任。因此，妈妈要给予孩子充分的归属感，让孩子感受到安全，并在安全的环境下健康成长起来。

缺爱的孩子易患"心理性矮小症"

在日常生活中，人们常常能够见到一些孩子的身体和他们的年龄相比，显得过分矮小，生长发育情况不正常。以前人们认为，这是生理和遗传上的原因造成的。不过，心理学家发现，自小缺乏父母关爱的孩子，也会出现这种问题。因缺乏父母的爱抚而令精神上受到压抑，继而导致机能发育出现障碍，是导致这一类孩子身体矮小的主要原因，医学上将这种病症称为"心理性矮小症"或"精神矮小症"。

心理性矮小症是指孩子缺乏父母的爱抚，精神上受到压抑，致使生长发育产生了障碍而出现的矮小症。美国著名精神病学家霍芬博士指出：孩子长期生活在精神压抑、无人关心或经常挨打受骂的家庭环境中，就会引起体内的神经—体液内分泌功能紊乱，致使生长激素、甲状腺素等有助于长高的激素分泌减少，从而导致孩子生长发育障碍，个子矮小。

家庭是孩子从出生后很长一段时间里主要生活的地方，家庭的气氛会直接影响着孩子的身心健康。在和睦温馨的家庭中无忧无虑、井然有序地生活，可以令孩子倍感温暖和幸福，这自然有益于孩子的身心发育和成长。但是，如果夫妻经常吵嘴打架，总是处于紧张的气氛中，甚至把孩子当"出气筒"或者当再婚的包袱加以虐待，在这种家庭环境下长大的孩子就会倍感痛苦压抑，活泼的天性被扼杀，身心健康受到严重影响。

研究发现，心理性矮小症与特殊的社会环境——离婚率高有着密切的关系。此外，留守儿童（长年不在父母身边）或由祖父母带大的孩子，也容易出现这样的情况。

张女士15岁的儿子壮壮身高仅仅一米四多一点，比同龄孩子整整矮了一头。她带着儿子去医院检查，医生给他做了详细检查，结果各项指标都正常，但是他骨骼生长线已闭合，无法再长高了。经过了解，原来张女士和丈夫常年外出打工，把壮壮一个人留在家里，平时忙起来也没有时间和孩子联络。久而久之，孩子就变得不爱说话了，性格越来越内向，不爱与人交往，总是一个人静静地坐在角落里发呆。

不过，与遗传性矮小不同的是，这种因心理问题造成的矮小症是可逆的，一旦解除孩子心结，发育就会继续。这也就是说，如果家长充分关心和爱护孩子，让孩子重新感受到父母的爱护、家庭的温暖，加上适当的运动，那么在孩子的生长发育完成以前，依然还有机会长高。

在第二次世界大战中，西班牙、朝鲜、越南、德国等国失去双亲的孤儿，平均身高要比同龄其他儿童矮近10厘米。科学家们曾为此做过试验，他们将一批受到精神压抑而矮小的孩子，安置到和睦欢乐的环境中，让他们受到与正常家庭儿童类似的爱抚和温暖，3个月后，约有95％的孩子发育情况很快发生变化，生长停滞现象得以消除，身高得到明显的增长，接近其他同龄儿童身高增长的水平。

父母的关爱是最好的"增高剂"，而爱则是孩子成长最好的推动力。以积极的态度表达对孩子的爱抚，创造条件让孩子多接触同龄儿童，帮助他交朋友，鼓励孩子多参与集体活动，给他创造一个温馨和谐的家庭环境，让孩子每天都能获得安全的感觉和快乐的心情，这是预防孩子出现"心理性矮小症"的最根本的办法。

理解孩子，小孩也会"心累"

小迪由于刚刚上了初中，对初中的学习和生活不太适应，所以每天疲于应对各科作业，对那些课堂小测验更是应接不暇，后来干脆书本连碰都懒得碰，总是用尽各种方法逃避上学，迟到早退，赖床，无所不用其极，最后索性不再去上课。

小迪的父母很是着急，怎么劝说都没用。问她原因，她也只是说看不清黑板上老师的板书或者身体不舒服等。面对父母的责备，小迪的情绪也反反复复，今天说一定会努力，争取考上重点高中，明天又说不考了。

小迪的情况其实就是学习上的疲劳。学习上的疲劳分为两种，一种是生理性疲劳，这种疲劳通过短暂的休息就能得到消除；另一种是心灵上的疲劳，这种疲劳单靠休息是不行的，小迪这种正是由于功课和考试的紧张所导致的心理上的疲劳。当孩子遇到类似于这种情况时，妈妈就需要严加注意了。

一般情况下，心理疲劳表现为无精打采，对曾经爱好的事物也提不起兴趣。举例来说，体育场上的运动员比赛，胜利的一方会因胜利的喜悦而冲刷掉疲劳显得生机勃勃，失败的一方则通常会表现得懊丧不已，甚至会短暂地失去信心。即使提起精神应对下一场比赛，也会失去热情，丧失斗志。

别以为孩子年纪小，就不会感到疲劳。孩子同样会出现心理疲劳的现象，具体到行为上，就会表现为不想上课、不愿做作业、注意力无法集中、对父母过问学习上的事表现得极其不耐烦、上课打瞌睡、下课也不够活跃，等等。这种心理上的疲劳一般都不是突然发生的，而是长时间的压力过大导致精神紧张所造成的。长期在这种紧绷状态下，孩子就会因为精神后劲供应不足而产生心理疲倦，学习精神也随之衰竭。这就像心脏血液的供给，一段时间内处于高速供应状态，一旦出现纰漏，那么就很容易出现心脏衰竭的情况。

科学家研究表明，如果只讨论脑的话，大脑即使在工作8到12小时之后，也完全感受不到疲倦。那么，孩子的这种疲倦感又是从何而来呢？

如果让一个成年人连续不断地做一件事情时，他也会感到厌倦，孩子就更是如此。厌倦的情绪会令人提不起精神，做事无力也无热情，进而形成心理上的疲劳。如果妈妈发现孩子已经有心理疲劳的迹象，那么就应帮助孩子放松，多和孩子唱唱歌、听听音乐、做做游戏等，多让孩子感受生活的乐趣，同时放松身体。有的时候，身体疲劳的减轻也有助于心理疲劳的缓解。

对孩子过高的期望也会给予他沉重的压力，进而造成心理疲劳。如果孩子达不到家人的期望值，就有可能会对自己的能力产生怀疑，甚至还会自暴自弃，这无论是对孩子当前的学习还是今后的生活都会造成极其恶劣的影响。身为孩子的妈妈，更要经常对孩子表达鼓励之情，巩固孩子的自信心，即使他取得了一丁点的进步，也要及时进行鼓励。成功是一步一步走出来的，即使孩子一时失败了，也要相信他，不要让他过于自责，因为一定的自我反省可以让人得到发展，但如果过于自我苛责的话，非但不会发展，反而会让孩子消极。

股神巴菲特曾经这样总结他的商业经，"我和你没有什么差别。如果你一定要找一个差别，那可能就是我每天有机会做我最爱的工作。如果你要我给你忠告，这就是我能给你的最好忠告了。"比尔·盖茨和巴菲特总结的也是差不多，"每天清晨当我醒来的时候，都会为技术进步给人类生活带来的发展和改进而激动不已！"可见，保持积极的心态，对所做的事情充满喜爱之情，是避免心理疲劳的最有效办法。

因此，妈妈就要在平日的生活中多挖掘孩子的兴趣，让孩子对所做的事物充满喜爱之情，让他摆脱疲倦的状态重新燃放出活力，这是最重要的。对于学习来说，不以分数为衡量孩子价值的区别，不做横向比较，多做纵向比较，和孩子一起理好近期和远期的奋斗目标,这是妈妈最应该做的事。

总而言之,当你的孩子对事物感到厌倦时,不如就让他停下来歇一歇,告诉他"妈妈理解你""你做到现在已经很棒了,对自己的要求要符合你自己的实际情况,不要过分苛责自己""只要你尽了力,无论什么结果,对于妈妈来说都是最好的",让孩子感受到来自妈妈的关心、理解和关爱,这是解除他心理疲劳的最有效的办法。

坏情绪,不疏导就可能会"决堤"

可能有许多人都觉得孩子的哭声很让人心烦,不理解为什么孩子会为一丁点小事就哭。"哭"这个字,很显然是不被家长所喜欢的,只要孩子一哭,家长就会利用家长的身份命令孩子不要哭了。

很多幼儿园老师经常说一句话——"爱哭的孩子不是好孩子"来遏制孩子哭泣,很多家长也会用各种方法逗正在哭泣的孩子,转移他的注意力,让他停止哭泣,或是干脆直接大声呵斥命令他停止哭泣。孩子接收到大人的这些信号,就会认为所有的大人都不喜欢爱哭的孩子,自己如果总是哭泣的话就不会再得到人们的喜爱和认同。慢慢地,孩子就开始拼命忍住哭泣,时间久了,一些更麻烦的问题也就随之而来了。

人会有许多种情绪,诸如高兴、愤怒、不满、伤心、兴奋,等等。在这多种多样的情绪里,有些是积极的,对身体有好处;有些则是消极的,对身体有害。一旦某种对身体有害的消极情绪产生且没有立即释放，日积月累，长期的压抑就会造成情绪的堵塞。情绪的堵塞带来的效应是一连串的，如产生无力感、疲倦感，严重者甚至会出现胸闷气短、心脏疾患等病症。

为了避免孩子出现以上后果，妈妈就必须帮助孩子及时疏导消极情绪。在孩子还无法自如地控制自己的情绪的时候，帮他找到一个宣泄口，让消极情绪从这个口一起倒出去，让孩子保持身心的愉快与健康。

一天夜里，王女士突然接到一个电话，电话里的声音来自一个陌生的小女孩，还没等王女士开口问对方是谁，那个女孩就开始说话了，"我讨厌他们！"

王女士觉得一头雾水，就问道："他们是谁？"

"同学，朋友，老师，父母。"

这个时候王女士已经确定对方是打错了，于是告诉女孩她不是她要找的人。

"同学不喜欢我，成绩出来后很差老师也不喜欢我，朋友和我疏远，父母也不知道我要说的意思，我讨厌死他们了！"

王女士不再说话，也没放下电话，静静地听女孩说着她的话，到最后，女孩放下电话前说了一句，"阿姨谢谢您，我只是想找个人说话，现在我心里舒服多了，谢谢您。"

例子中的女孩郁结却找不到人说出心里的感受，于是就随便打了个电话打给了王女士。女孩在将心中的不快倾吐而出以后，郁闷的情绪也就得到了释放。

对于善于控制自己情绪的人来说，疏导情绪的方法有很多种，如听音乐、打篮球、与朋友倾诉等。但是对于孩子，当他不能和朋友或者父母完全表达自己的意思的时候，或是不能以写字的方式排解烦恼的时候，除了哭，还有什么办法呢？

孩子生下来在这个世界上第一件学会的事情就是哭，渴了会哭、饿了会哭、着急会哭、被他人吵醒了会哭，长大一点，被人欺负受了委屈同样还是会哭，哭完以后歇一歇，然后就忘掉这件事情继续开心地玩去了。但是，如果家长硬要孩子别哭，要孩子压抑着，那么他的坏情绪就没有出口，再加上年纪小小的孩子也不懂得用其他方法排解，日子一长，他的情绪就会堵塞，然后就会在某一天、某一件事情的刺激下突然"决堤"，无法收场。

妈妈可以引导孩子多听音乐，在孩子学会写字以后让孩子把事情记下来，情感得到寄托，或者多带孩子出去游玩，让孩子身心得到放松，同时将所有不良的情绪通通释放出来。当然，一些孩子发脾气也并非是宣泄不良情绪，而是一种要挟。当他提出的要求不能得到满足时，他便会发脾气，比如摔东西、在地上打滚，等等。这个时候，如果妈妈因为害怕伤害到孩子而一味地迁就，就会助长他的气焰，让他学会以这种方式要挟家长，这对孩子的成长就极为不利了。所以，一旦孩子出现了这种要挟式的行为，妈妈就要记得采取"冷处理"，任由他发脾气大吵大闹。等到他冷静下来之后，就要及时纠正他的错误，告诉他发泄情绪可以，但要用正确的方式。

孩子和成年人一样，都需要给坏情绪一个出口，从而保持健康的心境。未成年的孩子并不太懂得如何处理自己的情绪，他们继续在成人的帮助下逐渐建立自己的一套正确的发泄情绪的方法，而妈妈则是孩子最好的帮助者。充分理解孩子，给孩子的坏情绪找一个出口，让它得以释放，与此同时多告诉孩子一些处理情绪的方法，就是对孩子最好的支持与帮助。

罗森塔尔效应：给孩子积极的心理暗示

罗杰·罗尔斯出生在纽约一个叫作大沙头的贫民窟，在这里出生的孩子长大后很少有人能获得较体面的职业。罗尔斯小时候，正值美国嬉皮士流行的时代，他跟当地其他孩童一样，顽皮、逃课、打架、斗殴，无所事事，令人头疼。幸运的是，罗尔斯所在的小学来了位叫皮尔·保罗的校长，有一次，当罗尔斯正调皮的时候，出乎意料地听到校长对他说，我一看就知道，你将来能成为纽约州的州长。校长的话对他的震动特别大。从此，罗尔斯记下了这句话，"纽约州州长"就像一面旗帜，带给他信念，指引他成长。他衣服上不再沾满泥土，说话时不再夹杂污言秽语，开始挺直腰杆走路，很快他成了班里的主席。40多年间，他没有一天不按州长的身份要求自己，终于在51岁那年，他真的成了纽约州州长，且是纽约历史上第一位黑人州长。

大人的一句夸奖，有时往往是不经意的一句赞许，都会被孩子放在心上，对他们的学习、行为乃至成长产生巨大的影响。

1968年的一天，美国著名的心理学家罗森塔尔和雅各布来到了一所小学，说是要对孩子们进行一个试验，他们从一年级至六年级中各抽出三个班，对这些学生们进行了一次煞有介事的"未来趋势发展报告"。测验结束之后，他们给每个班级的教师发了一份学生名单，称根据他们的研究成果，名单上列出的学生是班上最优秀的学生。出乎很多教师的意料，名单中的孩子有些确实很优秀，但也有些平时表现平平，甚至水平较差。尔后，罗森塔尔又反复叮嘱教师不要把名单外传，只准教师自己知道，声称不这样的话就会影响实验结果的可靠性。8个月后，罗森塔尔和雅各布又来到这所学校，并对这18个班的学生进行了复试，奇迹出现了：他们提供的名单上的学生的成绩都有了显著进步，而且情感、性格更为开朗，求知欲望强，敢于发表意见，与教师关系也特别融洽，而且更乐于与别人打交道。

为什么会出现这样的现象呢？罗森塔尔是当时著名的心理学家，在大家心目当中具有很高的权威，大家对他的话都深信不疑。虽然老师们答应对这份名单保密，但是他们还会在日常上课时忍不住对名单上的学生更多一些关注，通过眼神、音调等途径来向孩子们传达"你很优秀"的信息。这些学生在老师们的影响下，逐渐对自己树立了信心，最终也成了优秀的学生。这种变化就被称作"罗森塔尔效应"，也被称为"期望效应"，期望是人类一种普遍的心理现象，所以在教育的过程当中，"期望效应"常常可以发挥出强大而神奇的威力。

也有人用很通俗的讲法来讲罗森塔尔效应："说你行，你就行；说你不行，你就是不行。"所以，作为家长，如果想要让孩子发展得更好，就应该努力为孩子传递出一种积极的期望，促使他们向更好的方向发展，消极的期望则使人向更坏的方向发展。

有人曾经对犯罪儿童做过专门的研究，经过研究发现，很多孩子成为少年犯的主要原因，就在于他们从小被贴上了"不良少年"的标签，这种消极的期望引导着孩子，使他们越来越相信自己是不良少年，并且在潜移默化中朝这样的方向发展，最终走向了犯罪的深渊。由此可见在孩子们的眼中，积极的心理期待对孩子的自我肯定和未来的成长是多么的重要。

每个孩子都有可能成为天才，但是这种成为天才的可能性，取决于父母和老师能不能像对待天才那样去爱护、期望、珍惜这个孩子，孩子的成长方向取决于父母和老师的期望，简单地说，你对孩子的期望是什么样的，他就会成长为一个什么样的人。

马斯洛说过，每个人都有满足自我的需求，然而得到正确积极的心理暗示就是满足自我最好的途径。一个没有任何经历的小孩子，他的心理本来就是不健全的，所以需要父母的鼓励和赞扬。所以，想要一个聪明、听话、乐观健康的好孩子，就不要吝啬自己的赞美吧。

要好胜，也要输得起

生活中，好胜的孩子容易取得成绩，懂得如何去奋斗如何去进取，但这样的孩子一旦把握不好"赢"的度，就容易"输不起"，一旦出现什么打击就会一蹶不振。

在心理学上，"认识自己"也叫作"自我知觉"，即人对自我的感知。认识自己是非常重要的，一个孩子越了解自己，就越有力量。因为他知道如何扬长避短，如何最大限度发挥自己的潜力。很多成功人士都是了解自己的人。

英国作家哈尔顿在采访达尔文时，毫不客气地直接问达尔文："您的主要缺点是什么？"达尔文答："不懂数学和新的语言，缺乏观察力，不善于合乎逻辑的思维。"哈尔顿又问："您的治学态度是什么？"达尔文又答："很用功，但没有掌握学习方法。"达尔文既能认识到自己的优点，又能够理性地分析自己的缺点，才是真正全面而客观的自我定位。

自我认知贯穿于人成长的整个过程中。孩子们从懂事起，就开始不断追寻"我是谁，我从哪里来，又要到哪里去"这些生命的本源问题。他们在一次次反思中，开始了解自己。下面例子中的这个妈妈无疑为孩子树立了一个很好的典范：

一位作家的寓所附近有一个卖油面的小摊子。一次，这位作家带孩子散步路过，看到小摊子生意极好，所有的椅子都坐满了人。

作家和孩子驻足围观，只见卖面的小贩把油面放进烫面用的竹捞子里，一把塞一个，仅一会儿就塞了十几把，然后他把叠成长串的竹捞子放进锅里烫。

接着他又以极快的速度，将十几个碗一字排开，放作料、盐、味精等，随后他捞面、加汤，做好十几碗面前后竟没有用到5分钟，而且还边煮边与顾客聊着天。

作家和孩子都看呆了。

在她们从面摊离开的时候，孩子突然抬起头来说："妈妈，我猜如果你和卖面的比赛卖面，你一定输！"

对孩子突如其来的话，作家莞尔一笑，并且立即坦然承认，自己一定输给卖面的人。作家说："不只会输，而且会输得很惨。我在这世界上是会输给很多人的。"

她们在豆浆店里看伙计揉面粉做油条，看油条在锅中胀大而充满神奇的美感，作家就对孩子说："妈妈比不上炸油条的人。"她们在饺子馆，看见一个伙计包饺子如同变魔术一样，动作轻快，双手一捏，个个饺子大小如一，晶莹剔透，作家又对孩子说："妈妈比不上包饺子的人。"

如果以自我为中心，会以为自己了不起，可一旦我们把心安静下来，就会发现我们是多么渺小。我们应该正确地认识自己，既要看到自己的优点，也要看到自己不如别人的地方。

自我认知是一个艰难的历程，在大多数情况下，孩子借助复杂多变的外界信息来认识自己。由于外界信息复杂多变，因此孩子对自己的认识很容易受到外界信息的暗示，而不能正确地认识自己。在一段时间里，错误的认知很可能影响孩子对人生、未来的感知。比如考试失利打击了孩子的自信心，孩子由此一蹶不振；孩子上课自信满满地举手回答问题，结果答案错误得离谱被同学们嘲笑，于是以后就算自己真的知道答案也不敢举手回答老师提出的问题；再比如孩子每次都考第一名，偶尔被其他同学超过就心生怨气想打击报复同学；孩子一直表现不错总是得到妈妈的表扬，某天犯了错误被批评以后就受不了，觉得妈妈不爱自己，这些典型的"输不起"心态就好像长在孩子心里的毒瘤，影响他们的正常生活。

在现实的生活中，人们不会去嘲笑一个勇敢的失败者，因为知道他肯定会从头再来，夺取更大的成功。只有那些赢得起却输不起的孩子，才会遭到人们的鄙视。人们知道他们失去了奋斗的勇气，永远也站不起来了。

因此，在家庭教育中，家长要鼓励孩子绝不能向挫折投降，要勇敢地面对挫折，学会在遇到挫折时平衡自己的心理，开导自己，为自己解脱，从而更坚强、更豁达地面对挫折、面对困难。坚强地面对挫折可以让他们受益一生，它会让孩子变得更勇敢、更自信。

妈妈必须教导孩子做人既要好胜更要输得起："孩子，你会赢，但也会输给很多人。""胜不骄、败不馁"是一种可贵的品质，这种品质决定一个孩子能不能走向成功。孩子表现良好的时候，正面的鼓励固然是一种积极的心理暗示，但是要有个度，不要让孩子的自满开始膨胀；孩子受到打击自暴自弃的时候妈妈也要告诉孩子"来日方长"的道理，要让孩子知道：一个人必须正确地认识自己，这是做人的一个最起码要求。

鼓励孩子向失败学习

常言道："失败是成功之母。"这是指失败既是坏事，又是好事。如果能从失败中吸取教训，砥砺人的意志，使人更成熟、坚强，激励人从逆境中奋起，就能使失败变为成功之母。妈妈鼓励孩子向失败学习，就是使孩子勇敢地面对失败，能变失败为成功之母。

心理学家说，失败是不可避免的人生经历。在日本，如何从失败中分析原因、吸取教训已经成为一门学问。已有10年历史的日本失败学会，不到一年的时间里就已经拥有了包括日本著名的东陶公司、日立制作所、松下电工公司、三菱重工业公司等42家大型企业法人和500名学员。

失败学会会长村洋太郎说，面对企业各种各样的失败案例，只有从人的思想深处和管理体制入手寻找深层次原因，才能避免再次发生事故。所以在失败学会中，各大企业法人与学会其他会员共享失败案例分析数据库的信息，每月举行一次研讨会，分析会员本身失败的案例，总结原因，向失败学习，然后提出对策，杜绝重犯错误。此外，失败学会还举行年会，分析世界一年来发生的事故和不幸事件。

每位妈妈都希望孩子能拥有更多的成功，从中体验竞争和胜利带来的快乐，但是，任何的成功都来之不易，需要不断进取和努力，更需要勇敢地去面对挫折和困难。孩子在生活和学习过程中遇到失败是难免的，而面对孩子的失败，往往最难受的就是妈妈，他们对孩子的失败比自己的失败更加痛苦，有些妈妈往往采取掩盖和安慰的方法去让孩子逃避失败。殊不知，妈妈这样害怕孩子失败的心态，可能会导致孩子一蹶不振，毁了孩子的未来。现在妈妈们面临的最大挑战，就是如何面对孩子的失败而仍然有信心去鼓励和支持他向失败学习。

如果妈妈永远都将孩子置于自己的羽翼之下，帮他挡住伤害与失败，那他就永远也学不会如何在人生的低谷到来时独自承受。

春游的时候，妈妈和3岁的女儿一起走在狭窄的山间道上。山路坑坑洼洼，对一个孩子来说很难应付。但妈妈并没有马上拉起孩子的手，而是任由她跌跌撞撞地走了一会儿，甚至看着她差一点被小石子绊倒。这就是一个聪明的母亲，她懂得如何让孩子自己去体验生活。

大一点的孩子有时会主动拒绝尝试新的或者是他们认为困难的事情。但是如果你确定的目标只是"试一试"而不是"成功"，那孩子们就比较容易接受了。

6岁的朋朋起初很害怕参加学校的钢琴比赛，但是妈妈告诉他："你不一定非要得名次，我们只是去学习如何在有很多很多观众的时候演奏。"最后朋朋高兴地去比赛了，而且成绩还很好。

心理学家指出，聪明妈妈的技巧就在于：即便是一次失败的努力，也让孩子觉得从中有所收获。

妈妈希望孩子事事成功。然而，在现实生活中，常胜将军是没有的，在人生的道路上失败是很难免的。这是因为客观事物是纷繁复杂而又不断地发展变化的，其关键问题就是尽量少些失败，多些成功，以及如何勇敢地向失败学习。当孩子没有经受过失败的痛苦，就往往不能以正确的态度对待失败。因此，妈妈应尽早训练孩子具备向失败学习的能力。

心理学家认为，妈妈可以帮助孩子分析失败，一旦发现了失败，妈妈就得引导孩子透过显而易见的表面原因追根溯源。这要求妈妈严格而积极地通过深入分析，确保吸取正确的经验教训和采取合适的补救措施。妈妈的职责是保证孩子在经历一次失败后，停下来认真分析和发掘其中蕴含的宝贵经验，然后再继续前行。

出于同情的奖励伤害更大

今天，幼儿园里来了客人，游戏区里摆满了新的积木。中班孩子的任务是搭建一座大桥，知道任务后，他们首先兴致勃勃地讨论了前一天刚刚参观过的大桥。不一会儿，孩子们就脱了鞋子坐在地毯上，开始用各种颜色的积木安安静静地搭建心中的大桥了。

时间在孩子们的游戏中流逝，很快就到了游戏结束的时候，孩子们争先恐后地展示着自己的成果：有的大桥线条流畅，有的气势磅礴，有的色彩和谐，但也有些大桥摇摇欲坠，还有的正在"建设"中。

每个完成任务的孩子都得到了一颗糖的奖励，其中有一位来参观的客人也给一个没有完成任务的孩子一颗糖以示鼓励。接下来是户外活动，大部分孩子都拿着糖兴高采烈地跑到门外去参加活动。可是，那个孩子手里紧紧攥着那颗糖，迟迟没有出门，看上去十分伤心……

尽管拿到了糖，但那个孩子却显得很伤心，这说明，此时孩子已经有了羞愧心理。羞愧心理不是天生的，而是随着年龄的增长，孩子的羞愧感也在随着个性和道德的发展而发展。

库尔奇茨卡娅用曾经设计了一个实验来研究了孩子的羞愧感。她比较了孩子在不同情况下的表现，发现3岁的孩子身上已经出现了羞愧感的萌芽，但是这种羞愧感还没有从惧怕中"独立"出来，它往往与难为情、胆怯交织在一起。最开始的羞愧感并不是由于认识到自己的过失而产生的，而是由于成人直接刺激——带有责备和生气的口吻才产生的。这个年龄段的孩子，羞愧感全部显露在外面。比如当孩子背儿歌忘词，老师羞他的时候，他会脸红，然后不好意思地跑到自己的座位上坐下。

稍稍长大一些的学龄期儿童已不需要成人的刺激，他能为自己的行为不对而感到羞愧，而且他们已经能将惧怕感与羞愧感区分开。研究还发现，小班和中班的儿童只有在成人面前才会感到羞愧；大班儿童在同伴面前，特别是在本班同伴面前也会感到羞愧，这表明集体舆论已经越来越重要。

随年龄的增长，儿童羞愧感的范围在不断扩大，而且越来越"社会化"，但把羞愧感表现在外部的范围在缩小，对羞愧感的心理体验在加深。儿童还会记住产生这种情绪的条件，以后遇到类似的情况就会努力克制可能使他再做错事的行为和动机，将成人对他们的要求逐渐变为对自己的要求。

库尔奇茨卡娅还认为，儿童羞愧感的产生意味着儿童的个性正在发生变化。当羞愧感成为个性中一种稳定的品质时，它就会改变孩子个性的结构。道德情感的发展是一个从外部行为控制向内部控制转移并不断内化的过程。有了这种羞愧感，就有可能使儿童自觉地克制不良行为。

但是家长们要注意，对待孩子的一些不当行为，应该采取正向引导的态度和方式。不能过多地指责，否则，由于过多责骂而引起的极度强烈的羞愧感可能会束缚儿童的发展，并使孩子形成不良个性。

给孩子一个专属的宣泄空间

曾有心理学家做过一项实验，得出过这样一个结论：当两个个体之间挨得太近，那么个体之间就会产生拥挤等不舒适的感觉，因为这两个个体之间打破了原来所占领域的平衡，进而影响正常的活动。这被心理学家称为"个人空间定律"。

后来，有人为验证这一定律又进行了另外一项实验：在一个房间里安排了超过这个房间所能容纳的人数，于是里面的人会感到十分拥挤。这时，如果有个陌生人进来，就会被房间里的人仇视，男性甚至会对这个新来者表现出攻击倾向，房间里的人的焦虑指数也会越来越高。

"个人空间定律"和后面的这个可以归纳为一句我们常说的话——距离产生美。想象一下，如果一群刺猬为了取暖而抱在一起，会感到暖和么？

某知名女演员曾经在节目里说："我很希望自己的房间成为能哭的地方，仅仅是在心情不好时，或者于己不利时有一个避难的场所。"

心理学研究表明，只有当一个人的个人空间不被侵犯，个人的隐私得到尊重，心境才能平和，才能对周围的人和事感到安全。而当一个人的独立区域被外来力量强势侵入，则会表现得不安、焦虑、对事物戒备甚至驱逐。

总有些父母打着"为孩子好"的幌子对孩子的个人空间多加干涉，会对自己不赞同的行为一顿呵斥，殊不知这会让孩子的心情雪上加霜。或许孩子只是需要一个放松，但是因为父母的干涉就会变得闷闷不乐，心情沉郁。与此同时，他们还可能会因为对父母的"不爽"情绪而拒绝与之沟通，将父母拒绝在心灵的门户之外，这对孩子的心灵发展实在是没什么好处。

小春一直是个听话的孩子，家里长辈邻居都夸她是个好孩子，可是有一次这样一个好孩子却和妈妈发生了争执。原来，小春妈妈给小春整理房间的时候，没有经过她的同意就把她很喜欢的一个玩具娃娃给扔了。小春很生气，"你为什么要进我的房间，不经过我同意就把娃娃给扔了!"小春妈妈见到女儿这个态度也是气恼不已,"我辛辛苦苦给你整理房间,还被你这样说。"一气之下也不管小春了,母女之间因为这件事斗了好长时间的气。

父母和孩子是这个世界上最亲密的人,可是即使如此,父母和孩子之间也是需要"距离"的。很多父母会以担心孩子为由对孩子的个人区域抱有不重视的态度,随意翻看孩子的日记本,或者不经孩子的同意扔掉孩子的东西,孩子就会感到不被尊重而产生消极情绪。家长会常常告诉孩子不要随便翻看自己的东西,因为那很重要,但为什么不换位思考一下,有些东西对于孩子来说,也是只能自己一个人知道的宝贝呢?

要知道,孩子作为一个独立的个体,也是需要自己的空间的。这个空间不仅仅代表独立的个人房间,更是能让自己安心学习、玩耍的空间,不被强加的意志,可以自己独立的选择。孩子在这个只属于自己的地方,想画画、学习、写字,都能出于自愿。他们可能会想把今天刚刚学过的歌曲再在脑海里演习一遍,或是想把作业留在跳一支舞蹈之后再做,做什么以及何时做都在于自己的选择。能够发出主动性的行为,比被家长强迫做一件事,效率自然要高得多,孩子得到的益处也多得多。

阳阳每天完成作业后,剩下的时间就是自己的了,这个时候妈妈会让他自己选择做一些事情,或是待在房间里玩飞机模型,或是到附近公园里和小朋友们一起玩老鹰捉小鸡。有的时候还会发一会儿呆。

妈妈不会干涉他,只是告诉他出去玩的话要早点回家,偶尔会引导他。

所以，阳阳从小就很能为自己做决定，阳阳妈妈也很欣慰。

给孩子一个充分独立自由的空间，让它成为孩子的宣泄空间。孩子可以在这个空间里大叫、乱跑，即使是父母也不会来多加指责，这会让孩子感到安全，一旦情绪得到宣泄，那么孩子便能自然而然地回归到正常轨道上来。

当然，宣泄空间对于孩子的很多问题是有效的，但是一旦遇到在这个宣泄空间里也不能解决的问题时，妈妈就要和孩子及时沟通，告诉你的孩子怎样正确控制自己的情绪，在以后遇到同类事情的时候，怎样有效快捷地解决它。

让孩子远离恐惧

涂涂今年9岁了，是个勇敢、坚强的小小男子汉，打针的时候眉头都不皱一下，平时最喜欢带着小朋友玩探险游戏。可是，有一天涂涂和小朋友玩的时候，不知道从哪里蹿出来一只野猫，涂涂一见，立刻打了个哆嗦，大叫一声，转身没命地往家里跑。原来，涂涂最怕猫了。还是涂涂小的时候，妈妈带涂涂去公园，把他放在长椅上。忽然有一只猫被淘气的孩子追得慌不择路，竟然一下子跳到了涂涂的脸上，还把他抓伤了，涂涂吓得大哭。从那时开始，涂涂就非常怕猫，连动画片《猫和老鼠》都不敢看。

其实，涂涂怕猫是恐惧症的一种表现。

儿童恐惧症，是指儿童对日常生活中一般客观事物和情境产生持续的、不现实的、过分的恐惧、焦虑，达到异常程度。

虽说恐惧心理是一种痛苦的情绪体验，但它是一种自我防御机制，它会促使人们快速离开危险的环境和物品，显然是有利的。正常儿童对一些物体和特殊情境，如黑暗、雷电、动物、死亡、登高等会产生恐惧。每个儿童都要经历由不怕到怕的心理演变。

不过儿童的恐惧也分异常和正常两种。如果儿童的恐惧程度轻、时间短，没有超越儿童的年龄、认知水平和环境，则可以视为正常。反之，如果恐惧持续的时间较长，超越了儿童的年龄、认知水平和环境，或明知某些物体或情境不存在危险，却产生异常的恐惧体验，就应当视为异常。患儿会由于恐惧产生退缩或回避行为，不易随环境和年龄的变化而改变，任何劝慰、说服、解释都没有用，严重影响着儿童的正常生活和学习。

儿童恐惧症根据内容可分为三大类。对损伤的恐惧，如怕鬼怪、怕受伤、怕出血、怕生病、怕死等；对自然事物和现象的恐惧，如怕黑、怕高、怕打雷、怕动物等；社交性恐惧，如怕陌生人、怕上学、怕考试、怕当众讲话等。

儿童恐惧症是一种心理性的问题，最有效的办法是心理治疗。首先应明确引起恐惧的诱因，然后有针对性地进行治疗。

认识治疗法：帮助患儿建立治疗信心分析恐惧对象，使患儿充分了解怕的对象，从而正确评价自身及恐惧对象。

暴露治疗法：将患儿骤然呈现在恐惧对象之前，刺激其建立对恐惧对象的正确认识。这种方法治愈速度快，但是刺激性太强，患儿必须有一定的身体条件。

最为常用的方法是系统脱敏法，这是目前被认为治疗恐惧症最安全而有效的行为治疗方法。即设定阶梯性恐惧值，循序渐进地消除其恐惧心理，先用轻微的较弱的刺激，然后逐渐增强刺激的强度，让患儿逐渐适应，使之对刺激的恐惧程度逐渐降低，最后达到消除恐惧症的目的。

引起儿童恐惧的原因多种多样，但主要是两种因素：先天遗传和后天习得。研究发现，多数儿童恐惧症的起因是后天习得的，也就是说，儿童生长所处的环境和接受的教养方式至关重要。比如家长对不听话的孩子采用恐吓的办法，当着孩子的面毫无顾忌、绘声绘色地讲述一些可怕的情形等，会造成儿童恐惧心理，严重的会形成恐惧心理障碍。过分严厉和教条化的教育，过分粗暴或压抑的环境，也会诱发儿童恐惧症。

家长要注意从细微处做起，防患于未然，防止儿童异常的恐惧。有意识地防止将自己的恐惧传达给孩子，注重培养孩子独立生活和解决问题的能力与胆量，对孩子不理解的事物进行解释，尽量避免孩子接触恐怖书刊和影视，平时鼓励孩子多交朋友，多做交流，培养孩子乐观向上的生活态度，如果孩子的恐惧并不严重，对正常生活和学习没有影响，就没有必要渲染和过分关注，可以直接忽视，让孩子在成长的过程中慢慢适应。

谨防儿童抑郁症

洛洛是老师和家长眼中的好学生、好孩子，学习成绩好，每门功课都很优秀，家长也以此为傲，对她抱有极高的期望，老师也经常表扬她，要小朋友们都向她学习。有一次考试，洛洛因为发烧，身体不舒服，精神不集中，没有考出理想的成绩。慢慢地，大家发现，洛洛变得沉默寡言，也不爱和小朋友们玩了，上课的时候发呆，整天都没精神。家长以为洛洛生病了，带她到医院也没检查出有什么问题。医生认为洛洛是因为家长和老师的过度期望，心理压力太大，加上第一次遇上挫折（考试失利），精神受创，患上了儿童忧郁症。

到底什么是儿童抑郁症呢？

儿童抑郁症是指由各种原因引起的发生在儿童时期以持续心情不愉快、情绪抑郁为主要特征的心境障碍或情感性障碍。抑郁对儿童的身心发展十分有害，会使儿童心理过度敏感，对外部世界采取退缩、回避的态度，对儿童身体成长也有不利影响。

一般来说，儿童在日常生活中因遇到挫折等而表现出悲伤、焦虑等情绪都是正常的，通常随着时间过去，都能自己调整好，重新高兴起来。但是，如果儿童在环境改善后仍不能摆脱抑郁的心境，并导致不能正常进行生活和学习的，那很可能是患上了儿童抑郁症。

儿童患上抑郁症会在情绪、身体、行动上有所改变。情绪上，抑郁症儿童会突然变得沉默寡言、情绪低落、胆小怯懦、对事情没有兴趣、常伴有自责自罪感等。身体上，抑郁症儿童会出现食欲不振，睡眠障碍或嗜睡，疲劳乏力、胸闷心悸等不适症状。行动上，抑郁症儿童一般有两种表达形式：外向型症状和内向型症状。外向型表现为脾气暴躁、冲动不安、喜欢顶嘴等，内向型表现为注意力不集中、经常发呆、与同学关系疏远等。

儿童抑郁症的诱因有很多种，主要是心理刺激方面。比如受到歧视或者虐待，使儿童心灵受到创伤，长期处于自卑状态，认为自己处处不如人，抑郁成疾；家庭动荡、失去亲人、父母离异等使孩子心灵蒙上阴影；家长期望过高，管教过严，超出孩子承受能力，导致其压力过大，情绪紧张；儿童生活环境闭塞，缺乏交流，感情压抑，情绪不能充分发泄等。

家长作为孩子最亲密的人，也应该是帮助孩子远离抑郁的最好的医生。

营造温馨愉快的家庭氛围。父母在孩子面前要注意自己情绪的表达，避免专制的家长作风，关心孩子，尊重孩子，理解孩子，多跟孩子进行交流，接受孩子的倾诉，让孩子充分体会家庭生活的亲密和温馨。

鼓励孩子多交朋友。多组织孩子们的集体活动，教会孩子与他人融洽相处，培养孩子广泛的爱好和乐观宽容的性格，让孩子在交往中体会友情的温暖。

对孩子的教育要适度。根据孩子自身的能力和兴趣进行培养，不要对孩子期望过高，避免对其造成心理上的压力，适量给予孩子一些时间和空间，让孩子自由发展。

提高孩子抗压抗挫折能力。对孩子克服困难给予充分的肯定和鼓励，培养孩子的自信心和应对逆境的能力，避免过度保护，教孩子学会忍耐，在困境中寻找精神寄托，如运动、书画，等等。

对已出现抑郁症状的孩子，首先要分析孩子抑郁的原因，消除环境因素的影响，此外，要帮助孩子建立积极的态度，指导孩子调整情绪并进行适当的发泄，如：倾诉、哭泣等，释放消极的情绪，恢复心理的平静；陪孩子做一些开心或是振奋的事情，以愉快的心情抵消消极情绪；实行目标激励，帮助孩子树立目标，使孩子有方向感。也可根据具体情况采用药物治疗或者心理治疗。

需要注意的是，儿童抑郁症严重时会伴有危及生命的消极言行，对于有自杀倾向的孩子，家长要高度警惕，严密监护，并请心理医生进行长期治疗。

儿童沉默不语也是病

小牧从小就胆小怕生，家长带他出去，碰到了熟人，他都躲在父母身后，问他话也不回答。妈妈以为可能是孩子个性胆小、害羞所致，以后长大就好了，也没有重视。谁知道，小牧上学后情况就更严重了，不但不喜欢和别的小朋友一起玩，老师点到他回答问题时，他也不说话，要不就是用点头或摇头来回答。老师将情况跟妈妈讲后，妈妈很奇怪，小牧在家和邻居的小伙伴也玩得很开心，除了胆小一点，也没有什么不正常的。

其实，这是儿童缄默症的表现。

儿童缄默症是指患儿智力发育正常，言语器官无器质性损害，但不愿用语言表达自己的意见或回答问题，取而代之以书写或手势或摇头、点头的动作与人交流，表现出顽固的沉默不语。

缄默症患儿并不是不能说话，他们有正常的言语理解及表达能力，只是因为心理作用的影响，导致他们不愿意说话，其实质是一种社交功能性障碍。

缄默症根据儿童在不同环境中的表现，可以分为全面性缄默和选择性缄默两种类型。前一种类型的儿童在任何场合中都不喜欢说话，或者是拒绝说话；后一种类型的儿童在已获得了语言能力后，因为心理或精神因素，在某些场合中始终保持沉默不语，"缄默"状态对环境和对象具有高度的选择性。

选择性缄默症多在儿童3~5岁的时候发病,胆小、害羞、孤僻的儿童身上多见,女孩发病率高于男孩。大多数患儿在陌生环境中表现为沉默不语,长时间一言不发,但是家里或是熟悉的人面前讲话,甚至表现活泼,如父母、亲人、某些小伙伴等。少数患儿正好相反,在家不讲话而在学校或陌生场合讲话。缄默时,患儿会采用动作手势等代替语言来表达自己的意见,如点头、摇手等,或仅用简单的字眼来表达,如"是""不""要"等,偶尔也会用写字的方式来代替,部分患儿拒绝上学。

儿童发生缄默症的原因很多,有儿童自身性格因素,如患儿往往具有敏感、胆小、害羞、脆弱等性格特征;有家庭因素,如家庭封闭、隔代抚养、父母过于保护等;有发育因素,如语言能力发育延迟、功能性遗尿等发育性障碍;也有心理因素,如在受惊吓、初次离开家庭、环境突变或其他明显的精神刺激后发病。部分缄默症病例与遗传因素有关。有部分观点认为,儿童保持缄默是出于自我保护,排遣不安的心理感受。

儿童缄默症会严重影响儿童的正常生活和社会性发展,因此一旦发现征兆,要尽早治疗。缄默症是心理障碍,治疗上应以心理治疗为主。

避免刺激。尽量避免各种会给孩子造成心理影响的刺激,消除紧张因素,提供平和安宁的生活和学习环境,鼓励孩子积极参加各种集体活动,引导孩子学会和别的小朋友交往,邀请老师或小朋友到家中做客,在孩子熟悉的环境中同客人进行交流,培养孩子广泛的兴趣爱好和开朗豁达的性格。

营造宽松自在的家庭环境。家长要戒骄戒躁，改善家庭关系，减少对孩子的粗暴呵斥，营造温馨和谐的家庭氛围，不要让孩子生活在恐惧和紧张之中，解除孩子的心理压力和困扰。

淡化言语问题。对于孩子的缄默，不要过分关注，否则孩子很难放松下来，更不能逼迫孩子讲话，以免进一步加重孩子紧张焦虑情绪，甚至出现反抗心理。可以采取转移注意力的方法，如陪孩子做游戏、讲故事、外出游玩等，分散其紧张情绪。

诱导矫正。对孩子多鼓励，当孩子主动和客人交流时，包括眼神、手势、躯体姿势、言语等，要给予赞扬，孩子一开口，就要及时地鼓励，增强孩子的自信心。也可以用孩子最想要、最喜欢的东西作为奖励，诱导孩子说话。

每天半小时。家长每天固定至少半小时时间同孩子说话，跟孩子聊他们喜欢的话题，如喜羊羊、灰太狼、奥特曼等，并允许孩子不做回答，消除孩子内心的紧张和焦虑。

症状较重的患儿要在医生的指导下采用药物治疗。

感觉统合失调症：都市儿童的流行病

杰瑞5岁了，长得聪明可爱，亲戚朋友都很喜欢他。刚上幼儿园的时候，也很受老师和同学们的欢迎。可是，幼儿园老师渐渐发现，杰瑞很不适应幼儿园的生活，他上课的时候注意力不集中，东张西望；吃饭时习惯用手抓不会使用筷子，爱挑食；做游戏的时候，动作总是比别的小朋友要慢。杰瑞的妈妈很困惑，他担心孩子是不是生病了。后来，妈妈带杰瑞到一家儿童医院进行检查的时候,看到很多情况类似的孩子,经医生介绍,妈妈才知道杰瑞患上了感觉统合失调症。

感觉统合失调症又称为"神经运动机能不全症",是一种中枢神经系统的障碍问题,是指外部进入大脑的各种感觉刺激信息不能在中枢神经系统内形成有效的组合,使机体不能和谐地运作而产生的一种缺陷。

感觉统合失调症多发生在五六岁至十一二岁的儿童身上。通常,这些孩子智力发育正常,却有学习或行动上的障碍。患有感觉统合失调症的孩子,常表现出,手脚笨拙、动作不灵活、不协调;阅读困难,经常从一行跳读到另一行去;经常分心,走神儿,注意力不集中;说话口齿不清或是意思表达不准确;胆小腼腆,与人接触特别的害怕紧张;胆大鲁莽,做事冲动不计后果;不喜欢被触碰,防御攻击性强,不容易与别人建立情感交流。

是什么引起儿童的感觉统合失调症呢?其原因主要有三个方面。第一是孕妇在孕期不当的饮食、行为习惯,如孕期孕妇营养不良或是吸烟、饮酒、饮浓茶、咖啡等;第二是哺育期间如果父母对孩子溺爱、过度保护,都会促使感觉统合失调的发生;第三是幼儿培养期教育方法不当,如让幼儿过早地接受认知教育,对孩子造成精神压力;过多的纵容孩子,导致孩子放任不服管教;给孩子提供的生活环境过于封闭,导致孩子封闭胆小。

儿童感觉统合失调意味着儿童无法控制身体感官和支配身体协调活动,会在不同程度上削弱儿童的认知能力和适应能力。会严重影响儿童的健康成长,在学龄期时,在学习能力上会出现障碍;到了青年期,工作、交际、适应能力都会出现问题;走上社会后会影响正常的生活。

一般来说，感觉综合失调的儿童智力很正常，很难引起家长的重视，从而贻误最佳治疗时机。其实通过进行专业训练，儿童的感觉统合失调是可以缓解和治疗的。一般来说3～13岁是"感觉统合失调症"最佳治疗时间。心理专家通过测查，诊断孩子的感觉统合失调程度和智力发展水平，制定相应的训练课程，通过一些特殊研制的器具，以游戏的形式让孩子参与，一般经过1～3个月的训练，就可以取得明显的效果。但是，感觉统合失调超过12岁就会定型化，影响孩子的一生。

所以对于家长、老师来说，要注意观察孩子在各项感知能力方面的发展情形，善于发现了解儿童某些行为背后的因素。面对孩子的不听话、不懂事，切记责备惩罚孩子，因为他们可能控制不了自己。研究表明，几乎所有的孩子都存在感官失调，只是表现轻重程度不同。

家长要学会正确引导教育孩子，提供合适的玩具来帮助孩子各项感知能力的均衡和谐发展。平时在生活中，多和孩子玩感觉游戏，如连续吹大小不一的泡泡，玩滑梯，走"独木桥"，玩滚筒等，让孩子在玩耍中建立愉快的情绪和良好的自信。

孤独症要正确判断、科学对待

已经四岁的小鑫平时不怎么爱说话，近几个月来越来越沉默寡言。他不喜欢跟同龄的孩子一起玩耍，总是一个人躲到角落，对身边的事情没有任何兴趣和疑问；并且每天都在反复而毫无目的地翻着同一本书。小鑫在幼儿园也是整天一个人待在旁边，不与其他小朋友交往，明显愿意离群独处。这些奇怪的行为被幼儿园的老师发觉，于是幼儿园的老师及时向小鑫的父母反映，而小鑫的父母同样发现，小鑫对于身边的亲人的感情很冷漠，对身边发生的一切事情都没有什么反应；即使对于妈妈的关心他也不在意。

小鑫到底是怎么了？又是什么原因导致他现在的状况？经医生诊断，小鑫是患上了儿童孤独症。

在当今社会儿童孤独症是一种多发疾病，它发病年龄主要在两周左右，并且男孩患病概率大于女孩。儿童孤独症的症状主要有：言语障碍，患儿症状主要体现在平时很少主动与周围人交流，并且对于周围人有种"恐惧"的状态，整天沉默寡言，异常的安静；情感冷漠，对于父母朋友的感情没有回应，神情低落；喜欢独处，对于周围发生的事情没有兴趣，主观没有参与的意愿，并且表现出"逃避"的状态；语言能力缺乏，患儿不善于并且不主动与人交流，会用一些肢体语言来表达自己内心想法，表现出"懒惰"的状态；智力低下，多数患儿智力比正常人低下，患儿平时会把自己的感情倾注于如一个毛绒玩具，一个杯子，并产生依恋的神态，平时会把它们作为倾诉的对象，相较于家人，患儿更喜欢跟它们说话。

儿童孤独症的病因至今尚无定论，但较为明确的是不大可能由心理、社会因素引起，可能与遗传因素、器质性因素以及环境因素有关。有资料表明至少有一部分病因与遗传有关，患儿家族中患孤独症和语言障碍的概率较正常人群高；脑损伤、母孕期风疹感染等器质性损伤也可能导致儿童孤独症；有人认为幼时生活单调，缺乏适当的刺激，没有教以社会行为，是发病的重要因素。

据不完全统计，我国现在儿童孤独症的患儿有60多万，平均1000个小孩子中就有4个儿童孤独症患者，并且每年还在呈上升的状态增长，目前我国还没有成形的治疗方案，心理治疗是目前采用最多的有效的方法。

家长如果发现孩子有以上的状况应尽早采取措施，6岁以前为治疗的最佳时期，家长可以尝试干涉教育的方式，比如花更多的时间多陪陪孩子，例如讲故事、做游戏等让孩子通过故事、游戏等活跃思维并主动表达他们内心的想法，每天跟他们谈谈一天的所见所闻，了解孩子思想的变化，平时多注意发现并培养孩子的兴趣，让孩子的好奇心得到肯定，另外可以采用药物、针灸等方法。做父母的对于孩子要善于表扬，而他们做错事要耐心地解释让他明白什么是错的，怎样才能避免，以后应该怎样做，过分惩罚会导致孩子抵触而不与父母交流。

怀疑癖是源自不自信

有一次，鹏鹏家来了一个客人。妈妈端出了樱桃来招待她，这位客人拿起一颗樱桃，逗鹏鹏："鹏鹏告诉阿姨，这个樱桃是什么颜色？"鹏鹏犹豫了半天，还是没敢说出是什么颜色，只是一直看妈妈。妈妈催他快说，于是他怯怯地问："妈妈，是红色吗？妈妈，我不知道，你告诉我吧！"

这个孩子为什么如此不自信呢？即使自己清楚地知道樱桃是

什么颜色,仍然要向妈妈来寻求所谓的"正确答案"。在现实生活中,为什么总是有人喜欢依赖于他人,让别人来做决定呢?

其实是这些人害怕犯错误,一直在逃避可能出现的不良后果。在这种心理状态下,他们一步一步地,跟在别人后面,直至变成一个没有主见,完全依赖他人的人。其实这是一种心理病态,被称作"怀疑癖"。"怀疑癖"的最明显症状就是不能独立做决定,同时当事人也会陷入深深的痛苦之中。

在一家专治神经错乱的医院里,有这样一位"怀疑癖"的病人。他喜欢一遍又一遍地检查垃圾桶,这是为什么呢?原来他是担心有价值的东西被忘在了垃圾桶里。甚至在他决定要带走垃圾的时候,还会拎着垃圾爬上楼梯,挨家挨户地敲门,询问各家各户的垃圾桶里是否有值钱的东西,直到确信没有后才能离开。但是过一会儿,他又会返回来,再次确认垃圾桶里是否有值钱的东西。人们只能反反复复地告诉他,垃圾里没有任何值钱的东西,你可以放心。他终于决定离开了,仿佛已经放心了。可是过了一会儿,他又回来了!他再次询问:"我真的可以放心了吗?"人们只有再次告诉他:"你确实可以放心了!"但是他无论如何都不肯相信,直到他妻子出现并把他强行拉走。

上面的例子是"怀疑癖"的典型案例。其实这种情况在日常生活中并不少见,只是程度有深浅而已。比如,一个人准备出门,当他锁门之后,会下意识地将锁摇动几下,更有甚者会在走出十几步之后折回来,重新拽一下锁,检查自己是否真的把门锁上了!虽然他清楚记得自己已经锁上了门,但是他仍然不能相信自己。这种情况在小孩身上也很常见,许多孩子在睡觉前都会检查一下床底是否有猫、狗或者昆虫之类的东西，其实这也是怀疑癖的一种表现。

家长们总是喜欢用自己的地位来强行要求孩子要这样做，不能那样做。我们总是从自己的角度出发，告诉孩子什么是正确的，什么是错误的。其实正是在这样的殷切关怀和教育下，我们毁灭了孩子自己做决定、做判断的能力，把孩子变成了教育的牺牲品。所以家长们要警惕这种一方面期待孩子长大，另一方面却又在压制孩子长大的行为，时刻提醒自己孩子是一个独立的人，他们有自己的思想和想法。家长不要把自己的思想强行塞进孩子的脑子里，让他们丧失自己思考和决定的能力。

对儿童强迫症要科学治疗

军军上小学三年级，学习成绩优秀，平时也很乖，不淘气，爸爸妈妈一直很放心。可是大概从一年前开始，妈妈发现，军军好像太爱干净了：每天要洗手几十次，说手上脏，沾了灰尘、细菌，等等；明明衣服刚穿上没多久，就非得让妈妈给洗，洗好晾干后还要再洗一次；他的东西别人碰到了就立刻扔掉；书也不看了，怕书上有脏东西；整天觉得周围很脏，精神紧张，连学校也害怕去。妈妈很担心，带军军去医院咨询，医生经详细诊断，认为军军患有强迫症。

强迫症是一种明知不必要，但又无法摆脱，反复呈现的观念、情绪或行为，是一种较常见而且较顽固的心理障碍。患者虽然意识到这些观念、意向、行为是不必要的或毫无意义的，但就是难以将其排除。

有数据统计发现，有半数成年强迫症患者起病于儿童时期。儿童强迫症多见于 10～12 岁的儿童，患儿智力大多良好，通常特别爱清洁，多数性格敏感、胆小害羞、谨慎、办事刻板、拘谨、要求完美。

但是，这也并不是说孩子出现重复行为就是得了强迫症，正常的儿童在其发育阶段，也可能会出现一些类似强迫症的现象，比如：走路的时候踢小石子，不受控制地碰触周围一些东西等习惯性动作。然而，这些动作没有痛苦感，不伴随有任何情绪障碍，对儿童正常的生活和学习没有影响，而且会随着年龄的增长而自然地消失，所以，这些都是正常的现象。

强迫症患儿除上述情况以外还有其他强迫性症状，主要为强迫行为和强迫观念。其症状表现也多种多样，比如：强迫性计数，反复数路灯、电线杆、吊灯、图书上人物的数目等；强迫性洁癖，反复洗手、反复擦桌子、过分怕脏等；强迫性疑虑，反复检查门窗是否关好，反复检查作业是否完成，反复检查东西是否摆放整齐等；强迫性观念，反复回忆某些事物，反复考虑一些无意义的问题等。

强迫症患儿的强迫行为多于强迫观念，而且年龄越小这种倾向越明显。通常，患儿并不会对自己的强迫行为感到苦恼和伤心，只是刻板地重复强迫行为而已。如不让患儿重复这些动作，他们反而会感到烦躁、焦虑、不安，甚至发脾气。

引发儿童强迫症的原因有很多，一般认为与儿童的气质类型、父母的性格影响、教养方式、精神因素等有关。患儿性格大多敏感内向、胆小拘谨、不活泼、行为古板；父母性格过分谨慎、缺乏自信、优柔寡断、过于克制自己，有洁癖、强迫行为，也会对儿童造成一定影响；父母对孩子过分苛求、管教严厉、责骂过多，也可诱发本症的发生；孩子患严重疾病、受到突发事件刺激、精神长期处于过度紧张状态等，也可能成为该症的诱因。

对儿童强迫症的治疗应以心理治疗为主。家长要注意纠正自己的不良性格，如特别爱清洁，过分谨慎，优柔寡断等，控制自己的焦虑情绪，以乐观积极的态度给孩子树立榜样。平时要注意不宜过度压制孩子的行为，要给孩子一定的自由空间。帮助孩子树立自信心，鼓励孩子对自己要有正确的评价，创造条件让孩子多获得成功，同时也要让孩子了解到，凡事不可能尽善尽美，总会有一些困难出现。培养孩子多方面的兴趣爱好，转移孩子的注意力，鼓励孩子多参加集体活动，多交朋友。当孩子出现强迫现象时，指导孩子用意念努力对抗强迫现象，放松心情，告诉孩子这些行为没有意义。也可用行为对抗疗法帮助孩子矫正，如拉弹手腕上的橡皮圈，来对抗强迫现象，经过训练，逐渐减少拉弹次数等。如果孩子强迫症状比较严重，则需要在医生指导下，辅以药物治疗。

对不正常的占有欲要及时纠正

玲玲今年两岁了，长得粉雕玉琢，又漂亮又可爱，非常受大家的喜爱。这天，妈妈的同事带着小女儿到家里做客，妈妈拿玲玲的毛绒小熊给小姑娘玩。谁知道，玲玲一见，马上跑过来，一把抢过来，大声地喊："这是我的！"妈妈又拿来玲玲早就丢在一边的小汽车给小客人，玲玲又抢了过去，紧紧抱在怀里，就是不松手，妈妈让她拿出来，她就放声大哭。妈妈觉得很丢脸，客人走了以后，妈妈狠狠地批评了玲玲。之后，妈妈又很担心，玲玲的占有欲这么强，以后怎么跟别人交往？

其实，玲玲的妈妈不用担心，玲玲的"占有欲"是这个时期孩子的正常表现。

这种"占有欲强"的现象在1岁前和3岁后的孩子中较为少见。因为一岁前的儿童，以个体活动为主，自我意识发展不够，还不能区分自己和客体的区别，可能会抢玩具，也可能会主动给别人。而3岁后的儿童，自我意识已有一定发展，能清楚地区别主体和客体的关系，而且头脑中已经有了"我的""你的""他的"概念，懂得玩别人的玩具需要借。

但是，儿童在18个月大到3岁期间有一个非常核心的任务，就是自我意识的建立。这期间儿童会非常积极地全副身心投入到自我意识的构建当中，这是儿童意识发展的一种本能。

这个阶段孩子的典型表现是占有欲很强，把"我""我的"挂在嘴边，时时刻刻都特别关注自己的物品的所属权，会跟别的小朋友争抢玩具，喜欢把属于自己的东西寸步不离地带在身边。

在该时期的儿童眼中，在他周围的一切，凡是他所看见的，都是属于他的，他通过对物品专属的占有权，通过不断地宣示"我""我的"，而建立起强烈的自我意识，通过对物品的占有，巩固自我认同并增强安全感。

在此期间，一旦有别人侵犯了属于他的东西，比如玩具等，他就一定要争抢回来，不达目的决不罢休，即使是价值微乎其微，甚至是他已经丢弃的玩具。这是因为，儿童在建构他的自我意识的过程中，已将"我的"物品视为他自身的一部分，当其他的小朋友触动到属于他的玩具，孩子将会感受到如同自身被侵犯般的痛苦。

从另一方面来说，孩子的占有欲强代表他自我认同感提升，这也是个好现象。家长在遇到孩子独占、争抢东西时，不要简单地归咎为孩子自私自利，采取简单粗暴的教育方式，也不宜在孩子哭闹时马上满足，否则孩子会以为只要哭闹就能得到满足。要尊重孩子在这阶段的心理需求，帮助孩子成为一个自信、独立，且稍长后即懂得分享的人。

不要强迫孩子分享。这种做法将使孩子觉得连父母都想抢走他的东西，孩子在表面上不得已接受父母的做法，但是由于自我意识建立不完全，会促使他占有欲更强。家长要尊重孩子的自我意识，接受并善加引导。

承认孩子的所属权。家长应该给孩子明确的支持，比如带着孩子在室内走走，并告诉他，哪些是专属于他的东西。同时也要明确告诉孩子有些东西不属于他，不如可以先从身体开始，告诉孩子"这是妈妈的眼睛，不是宝宝的"，帮助宝宝早日建立所有权的概念。

培养孩子分享的好习惯。教导孩子学会分享，比如给家人买东西时每人一份，帮助孩子发现分享的快乐，减轻独占的心理。教会孩子交换、借与还的概念，比如拿苹果跟孩子换梨子。

树立榜样进行暗示。在别的孩子表现出分享行为时，要进行夸奖，大加赞扬，鼓励孩子向他们学习，孩子肯定也不甘落后。也可以通过讲故事来暗示孩子，比如大方的小猫咪咪很受大家欢迎，小气的狐狸大家都不喜欢，没有朋友等。

当然，如果孩子在 3 岁以后依然不会分享，无论见到什么都说"这是我的""要！要！要！"，那么爸爸妈妈就需要关注一下孩子的心理问题了，因为占有欲过强的人极有可能发生心理病变。当孩子发生心理病变的时候，他会在爱和占有之间选择占有，这种不正常的占有欲会促使他们迫不及待地去抢夺自己想要的东西，然后用尽一切办法去保护自己抢到的东西。

其实这种病态的占有并不是孩子的本性，最初他们只是对物品好奇，但是如果好奇发展成了物质对他的吸引，那么他就会占有物质，就会变得贪婪自私，成为物质的奴隶。

因此，家长在面对孩子的"占有欲"问题时，首先要确定这是他成长过程中的正常现象还是他已经变成了对物质病态的追求。如果是前者，就要注意培养孩子的自我意识，同时慢慢引导他学会分享；如果是后者，就要学会转移孩子的注意力，帮助孩子培养更多的兴趣，分散他对物质无止境的需求。如果情况很严重，要主动去寻求心理医生的帮助。

第 3 章

给落伍的交流方式升升级

——好妈妈要懂点沟通心理学

要时刻保护好孩子的自尊心

李珊是一位小学一年级的美术老师,一天,她给孩子们讲完画画的技巧之后就让他们自己画。快要下课的时候,她发现甜甜的画纸上什么都没有,于是就问:"甜甜,你为什么没画呢?"

甜甜撅着小嘴说:"我不愿画。"

"能告诉老师原因吗?"

"老师,我告诉您,您不要告诉我妈妈好吗?"

"好。"

"上次我在家画画,妈妈说我画得乱七八糟的,什么都不像,所以我现在不想画了。"

甜甜的话让李珊的心情非常忐忑,因为她以前也曾使用过类似的语言。她不知道那样一句无心的话竟然会伤害了孩子的自尊心,也挫伤了他们的自信心。

课后,李珊找甜甜谈了心,并指导她完成了一幅画,第二次上美术课的时候,李珊向全班同学展示了甜甜的作品,并表扬了甜甜。

从那之后,李珊发现甜甜对自己有了坚定的信心,绘画技能有了明显提高,各方面都发展得很快。

科学研究表明,有高度自尊心的儿童性格活泼,智力发展状况也会比较好,他们更善于表达自己的思想,讨论问题时能主动发言,对周围的事物感兴趣,喜欢探索,富于创造,对自己从事的活动充满自信。这样的儿童身体也相对健康，很少生病。而缺乏自尊心的儿童，多半情绪低沉，害怕参加集体活动，认为没有人爱他们、关心他们，也不愿表达自己的思想。

英国作家毛姆说过："自尊心是一种美德，是使一个人不断向上发展的一种原动力。"自尊心是个人对自己的一种态度，是要求自己受到别人的尊重，不允许别人歧视、侮辱的一种积极情感。自尊是健康人格发展的必备要素之一，它对人的认知、动机、情感及社会行为均有重要影响。所以保护自尊心对儿童心理的正常发展以及身心健康的成长都是至关重要的。

要保护好孩子的自尊心，家长要经常从正面表扬、鼓励，努力帮助他们解除心理障碍。

作为家长，营造一个和谐、愉快、宽松、安全的家庭氛围对孩子来说是至关重要的。父母一定要多给孩子关心和鼓励，让孩子独立自主。尊重他们的爱好兴趣，正确对待孩子的学习成绩，尽量使孩子的生活丰富多彩，容许孩子有不同的观点与见解。如果孩子长期生活在相互尊重的环境中，他就更容易形成良好的自尊心。

另外，要尽量为孩子创造成功的情境和体验。成功的体验是儿童获得积极自我评价的基础，是自尊心形成的关键。家长可以给儿童确立一个适当的标准，让孩子通过完成这一标准来获得成功的体验。在确立标准时不能主观地以过高的标准要求儿童，而是要从儿童自身的能力和特点出发，如果标准定得过高，孩子屡遭失败，他们的自尊心就会受到伤害。在孩子达到要求之后，要给予儿童积极的评价，使其体会到成功感。

不过，虽然自尊心对一个孩子来说是很重要的，但是也要有一个度，如果表现得太强反而会变成人格弱点。有心理学家曾经用气球对儿童的自尊心作了形象的比喻："一个没有气的气球毫无价值，然而气充得太满则容易胀破；只有气充得不多也不少，才会兼具观赏性与安全性。"

那么对于那些自尊心过强的孩子父母应该怎么办呢？

首先应该帮助孩子树立适当的挫折意识。让孩子明白人生的挫折就像自然界的风雨一样不可避免；其次在孩子遭遇挫折的时候，家长要帮助孩子对失败进行分析，找出原因。通常失败有三种原因：一是孩子本身努力不够，二是超出了孩子的能力范围，三是客观因素影响。第一种归因有助于激发孩子继续努力，提高信心，后两种归因应引导孩子正确对待，不要自暴自弃，怨天尤人，今天做不到，以后可能就能做到。

别跟"别人家孩子"比

中国社会科学院的研究结果显示，中国人九大生活动力中，对子女的发展期望排名第一。

以前的时候，信息闭塞，那些别人家孩子也仅限于邻居或者父母同事的孩子，但是现在有了网络，信息几乎可以一瞬间传遍全球，肯定会有很多妈妈指着那些世界各地优秀人才的"传奇故事"，苦口婆心地教育自己的孩子。每天面对着这些"完美"的同龄人，怪不得孩子们会感慨自己是个"只会吃喝拉撒"的笨蛋呢。

"望子成龙，望女成凤"是中国父母们的普遍心理。为了激励自己的孩子，"别人家孩子"几乎成为父母挂在嘴边的口头禅，可他们并不知道"别人家孩子"正在深深地伤害着自己的孩子。

一位母亲曾经这样回忆因为"别人家孩子"而与女儿的一段不开心的往事：

"女儿那时候刚刚上六年级，有一次我无意中在女儿面前说起同事的女儿在英语竞赛中获得了二等奖。没想到女儿立马很委屈地哭着说：'你为什么总是说别人的好？你找别人的女儿做你女儿好了！'以前看到女儿这种反应，我都会批评她不谦虚，见不得我表扬别人。可是这次女儿竟然说出'你找别人的女儿做女儿好了'，我才觉得问题有点严重。"

见贤思齐是我们国家的传统，妈妈都认为榜样的力量是无穷的。不过，这样优秀的"别人家孩子"对孩子来说已经不仅仅是榜样，更多的是给孩子们造成自惭形秽的压力，从而令他们看轻自己、怀疑自己甚至是放弃自己。

教育的核心是培养孩子内在的自信和乐观。我国目前的教育体系中没有把尊重孩子的差异性放在一个十分重要的位置，孩子们从小就经受着各种各样的选拔，有些孩子就在这些教育体系中被冷落了。如果回到家里，孩子仍然被"别人家孩子"的尺子判断着，那么他怎么放松，他的自信又从哪里来呢？

慧慧妈和佳佳妈是好朋友，两家人还住得很近，所以，两个孩子从小就形影不离，关系特别好。上小学之后，慧慧的成绩好，尤其是作文，总是全班第一，而佳佳的语文成绩却是倒数，因此妈妈总是抱怨佳佳："天天和人家慧慧一起，怎么就一点都不向人家学习呢？和班里成绩最好的同学在一起，你成绩却这么差，不觉得不好意思吗？"

而慧慧妈却是这样抱怨慧慧："你整天在家什么家务都不做，将来自己独立生活了怎么办？你看看佳佳，一回家就帮着妈妈扫地择菜，你俩这么好，你怎么就不向人家学学呢？"

两个孩子总是这样被妈妈比来比去，最后导致一看到对方就觉得自己很差劲，因此在心理上两个人慢慢疏远了……

妈妈如果总是喜欢将自己孩子的不足与其他孩子的优势做比较，这会令孩子产生强烈的挫败感，不利于培养孩子的自信心。没有哪一个孩子愿意承认自己差，他们都希望能得到大人的肯定，这种肯定对孩子自信心的建立培养很重要，也将会影响到孩子的自我认知。妈妈如果总是强调自己孩子的不足之处，就会令孩子在潜意识中形成自我否定。总是自我否定的孩子，在遇到困难时只能是向后退缩，而不会有坚持挑战的勇气。可见，妈妈总是拿别人家孩子的长处来突显自己孩子的短处是非常不可取的。

由于家庭和成长环境的不同，孩子们的发展不可能是同步的。如果学校不能很好地尊重孩子之间的差异和个性的话，那么妈妈就一定要多制造孩子充分发挥自己特点的机会，而不是让孩子跟另一个孩子做比较。比较明智的做法是，多和孩子的过去比，这样就能够发现孩子的独特之处，以及他每一个小小的进步。这样一来，孩子也更容易提升自信，获得成长的动力。学着去把自己的孩子当成"别人家孩子"来看待，多发现孩子身上的闪光点，多多赞美，你就会发现，自己的孩子本身就已经很优秀了。

爱问没有错，回答有技巧

孩子总是有着无比强烈的好奇心，他们从不管自己问的问题是不是可笑，也不会去想爸爸妈妈能不能回答自己的这些问题。尤其是当孩子到了快要入学的年纪时，他们会变成一个"十万个为什么"。他们见到什么问什么，想到什么问什么。"为什么有的豆子是青色的，有的却是黄色的？""为什么妈妈穿裙子，爸爸从来不穿？""天为什么是蓝的？""月亮为什么不会掉下来？""我们为什么会有五个手指？""我是怎么来的？"……

如果妈妈对孩子的问题能够认真、充分地解答，孩子会感到被尊重，好奇心也得到发展。所以，妈妈应该保护好孩子的好奇心，认真回答孩子的每个问题。如果当时实在没有时间和精力去解决孩子的问题，也要记住在自己空闲的时候，给孩子解答。有时候，孩子问的问题可能自己也解决不了，或者给孩子解释不清，那么应该告诉他，这些是自己不能解答的，或者告诉孩子等到他长到一定的年龄，才能听懂这些东西。

但是，实际生活中，当孩子们不断地问"为什么"时，妈妈一般都会不胜其烦，就算有耐心的妈妈，也未必有能力一一解答孩子的问题。

所以，在问问题的时候，孩子们常会"碰壁"："小孩子，不懂的不要乱问！""不是告诉你了吗？你怎么这么事多？""你怎么这么多事？我也不知道！"……于是，这个小家伙伤心地走了，他这才知道原来问问题需要一些条件，原来问问题是错误，原来大人也有不知道的时候……于是，很多小孩子都乖乖地闭上了嘴巴，看到一些新鲜的事情，也不会马上就大喊"妈妈，那是什么？"所以，我们会发现，孩子越长大，问题也就越少了，家长也不必费尽口舌地告诉他，这是什么，干什么用的，为什么会出现这样的现象？总之，解脱了！

可惜的是，孩子天生的好奇心在问题消失的时候，也随之慢慢消失了。这是一个失败教育的开始。随着好奇心的泯灭，孩子就不再去主动认识世界，自然而然地，孩子认识世界的能力也降低了。同时，他们也很少再有主动获得知识的快感。随之而来的，他也就失去了本身应该具有的独创性，而这才是他们人生中重要的东西。一个人没有了好奇心，没有了独创性，也就没有了主动认识问题、解决问题的能力。

其实，妈妈回避孩子不断问问题的心理虽然可以理解，但是不能提倡。妈妈在孩子心中的威严并不完全建立在"博闻多识"这一条上，对事情的态度、对孩子的信任和尊重、在工作上取得的成绩、夫妻之间的评价都会影响到孩子对妈妈的认识。如果妈妈在平时的生活中很积极，面对家庭的困难也毫不气馁，对爸爸和孩子都呵护备至，常常得到邻居的称赞，那她在孩子心目中就会有很好的形象，即便遇到问题不会回答，孩子也不会因此改变对妈妈的崇拜。

另外，承认错误是一种勇气，承认自己的无知更需要勇气。当妈妈在孩子面前真实地说出自己也不知道的时候，孩子与你的距离会更近。当然，承认自己不知道还只是回答问题的第一步，如果只说一句"我也不知道"就走人了事，会让孩子感到失望。

怎么办呢？当孩子的提问兴致在没有回答的情况下大减时，妈妈不妨说："虽然我现在不知道答案，但是我知道在哪里可以找到答案。让我们去图书馆寻求神秘的答案吧！"听到妈妈的这番话，孩子会马上兴奋起来，想去图书馆探个究竟。

不要因为怕自己丢面子，怕在孩子面前没有权威，随便编个答案告诉他。这对孩子没有任何好处。在他没有知道事情真相之前，会把你的答案当作真理，告诉别的小朋友。这样，带给他的很可能是嘲笑和讥讽，而在他知道真相之后，就会不相信你了。

独立解决问题的能力是拉开人与人之间的差距的重要指标，当孩子向你提出难以回答的问题时，不要回避或假装知道，尽管把真实的情况告诉他，让他学会独立解决问题，这样的他才能成长得更扎实、更健康。

80/20：对话的黄金法则

在夫妻相处的时候，我们经常会发现，当女性需要倾诉的时候，她选择的对象往往不是与自己朝夕相处的丈夫，而是自己的"闺密"。产生这个问题的原因是男女之间对话的目的不同。男性通常是为了解决问题而对话，在没有找到合适的解决办法之前，他们不会轻易开口；但是女性不同，她们是为了表达自己当前的感受才说话的，希望得到的是谈话对象在感情上的认同。

比如妻子对丈夫说："我今天心情不太好……"丈夫第一个反应一定是："怎么了？需要我帮你做点什么吗？"其实这时候妻子只是需要丈夫安慰自己一下，但是丈夫的反应显然不是自己需要的，所以妻子就会重复这些话，丈夫最终会忍无可忍："你到底要我怎么办？"于是矛盾就产生了，因为丈夫的脑子里想的始终是"我必须提出一个解决方案"。

这种现象也会发生在孩子与父母之间的对话中。有时候孩子只是想表达一下自己的情绪，但是父母却误以为孩子在向自己咨询"解决问题的方法"。

上三年级的小敏就说过这样一件事：

"有一个周末，我正坐在家里看电视，忽然之间感到很无聊，于是就伸了个懒腰说：'啊！好无聊啊！'没想到这时候本来在做饭的妈妈冲了出来，对我说：'无聊就出去玩玩！要不就去看看书吧！作业做完了没有啊，没做完作业的话哪有时间无聊？'我当时听了特别生气，我的感觉糟糕透了！我只不过说了一句话，只是想关了电视去找点别的事情做，没想到就被妈妈劈头盖脸地批评了一番！我以后再也不跟妈妈说这些了！"

其实这时候的小敏就像是夫妻关系中的妻子一样，她只是想表达自己的感受，并期望得到妈妈的认同，她并不需要妈妈的主意或批评。

父母与孩子沟通时的对话可以分为两类，一类是"试图理解孩子情绪的对话"，另一类是"传递价值的对话"。所谓"试图理解孩子情绪"的对话，就是从孩子的角度出发，用孩子的眼光看世界。当小敏说"无聊"的时候，如果妈妈这样说"你是因为没有人陪你玩才无聊的吗"或者"是不是电视节目太无聊了"，这样就不会引起孩子的反感。因为孩子通过这些对话清楚地感受到了父母为了理解自己所做出的努力。这样说完之后，不管父母再提出什么样的建议,孩子都会努力去接受或者尝试,因为他知道这个建议是爸爸妈妈站在自己的角度提出来的。

而"传递价值的对话"是从父母的角度出发,把想法单方面传递给孩子的对话,它是为了达到教育孩子的目的而发起的对话。指出孩子的错误行为,并且向正确方向引导孩子的对话都是典型的"传递价值的对话",比如"你一定要认真听讲""回家之后必须先完成作业",等等。

看到这里,有些家长可能会想,既然孩子不喜欢"传递价值的对话",那我们就只进行"试图理解孩子情绪的对话"好了。这种想法是不正确的,因为亲子之间的相处毕竟不是夫妻间的相处,孩子的世界观和价值观尚未形成,如果这时候只是单纯地进行"试图理解孩子情绪"的对话,孩子很容易误入歧途。

"试图理解孩子情绪的对话"和"传递价值观的对话"不能独立存在。父母在与孩子对话的时候,一方面要关注孩子的心情,另一方面也要把正确的价值观传递给孩子。现实生活更多的父母倾向于只传递价值观,他们认为,这些才是真正为了孩子的将来好,其他的都是次要的。如果父母只关注"传递价值观的对话",孩子就会不自觉地对父母的话产生抵触情绪,因为在传递价值观的对话中,父母难免会批评和指责孩子,孩子的自信心就会受到打击,时间长了,他就会逐渐远离不承认自己能力的父母。所以,"试图理解孩子情绪的对话"和"传递价值观的对话"必须取得平衡,那么这两种对话如何才能平衡呢?

这就需要父母掌握和孩子对话的技巧,那就是著名的80/20法则。80/20法则原本是经济学中的一个公式,意思是说如果抓住了事情的关键，那么只要付出20%的努力，就可以取得80%的成效。因此在与孩子的十句对话中，至少有八句应该是关心、理解和赞同孩子情绪的对话，而剩下的两句可以是传递父母价值观的对话，这样孩子就能自然地接受父母的教育而不会产生逆反心理。

做孩子最忠实的倾听者

自从儿子上了学，陈琪觉得儿子简直变成了一个"唠叨婆"。每天在回家的路上，儿子总是叽叽喳喳地说个没完：今天上了哪些课，都是哪些老师，老师批评了哪个同学，自己和谁闹了矛盾，等等。陈琪总是很不耐烦，觉得儿子说的这些事情没有一件是值得听的，经常半途打断儿子的话。

与陈琪的解决方法不同，张先生则总是耐心地倾听女儿的每一句话，偶尔插上一两句话，发表一下自己的看法。从学校到家里的这段路，张先生总是故意把车开得特别慢，以便能够倾听女儿的话。通过这样的倾听，他对女儿每天在学校的情况都会有个大概了解，如果孩子有什么思想上的问题也能及时解决。

一位著名的心理学家认为，父母让孩子通过语言把所有的感情都表达出来，不管是积极的还是消极的，都是对孩子最大的保护。从孩子的角度来看，他们总是希望父母能与他们分享生活中的一切，不管是快乐还是悲伤，而父母却往往只喜欢听孩子传喜讯。如果孩子考试取得了好成绩，得到了老师的表扬，父母听到后就会很开心；而当孩子对父母说一些学校里发生的趣事或者完全与自己没有关系的同学的事情，父母就会很不耐烦："好了好了，妈妈很忙。不要再啰唆了！""好烦啊，一边玩去！"

长此以往，孩子就会对父母失望，并且将这种坏心情埋在心里。当消极情绪始终找不到发泄和化解的渠道时，它就会不断积累，等到一定程度就可能突然爆发，变成一种对抗情绪。这种对抗情绪会很严重地损害家庭关系。

其实，不管是大人还是孩子，只有感觉到对方真诚地想要了解自己的生活并且认真倾听自己的想法时，才能听得进对方的话。所以父母如果想要在教育孩子的时候更有说服力，首先要确定自己是不是了解了孩子的真实想法。而要想真正了解孩子的内心和思想，就要认真倾听孩子的话，确定自己没有误解孩子的想法。

父母在倾听孩子的话时，首先要做的就是耐心听孩子说话。耐心听孩子讲话，不仅是对孩子的尊重，而且是一种积极的倾听。这种倾听并不是指默默地在一边，单纯地听对方说话，而是要以平等的姿态去用心倾听对方的话，而不是随便敷衍一番。倾听者要暂时把自己的评判标准放在一边，不管你对对方的语言或行为持赞成还是批判态度，都要无条件地接纳对方。积极倾听更多的是关注对方的心理，而不是话语。积极的倾听不仅要感同身受地去体会对方的心情，还要引导对方抒发情绪，宣泄那些不满、愤懑、悲伤、快乐、喜悦……

妈妈大多数在生活上非常关心孩子，但是在真正平等地对待孩子方面做得往往很不够。孩子在向妈妈诉说时，经常会被打断，甚至还有可能遭到指责。在这种情况下孩子只能把话咽回去。还有的时候，妈妈只是机械地听孩子说话，却没有认真体会孩子倾诉时的情绪。这种情况下，孩子的想法往往得不到妈妈的重视，他们也会渐渐地把自己的秘密埋藏在心里，做妈妈的就很难再去了解孩子的所思所想，长此以往，妈妈对孩子的教育就会感到无所适从。另外，妈妈如果不尊重孩子的说话权，那么孩子就会从心理产生反感和想要与之抗衡的情绪，进而导致亲子沟通出现问题。

那么怎么做才是积极的倾听呢？首先一定要做出听的姿势，一定要与孩子平视，不要给孩子居高临下的感觉。身体要向前倾，表示自己对孩子所说的话很感兴趣。另外，不要在自己和孩子之间制造障碍，家长喜欢双手抱着胳膊，或者边翻书边听孩子说话，这些对孩子来说都是一种障碍。此外，一定要看着孩子的眼睛，用眼睛来告诉孩子你很期待与孩子的交流。

在谈话中最扫兴的就是别人说"行了行了，我早就知道了"或者"哎呀，你真烦！没看妈妈忙着吗"，如果孩子刚刚开始说话，家长就说了这种类似的话，孩子说话的兴趣就一下子被浇灭了。

对孩子的倾诉行为最好的鼓励就是让孩子知道他所说的每一句话，你都认真听到了。这时候你可以用表情来传达自己认真听的状态。比如：保持微笑，而且时常做出吃惊的样子。孩子最爱"大惊小怪"，他喜欢看到大人对自己说的事情表现出吃惊的表情，因为这说明他很有本事。

很多青春期的孩子往往不喜欢听妈妈说话，更不愿向妈妈倾诉心事。但是如果他们向你谈起自己的心事时，请千万要耐心、感同身受地去倾听。因为这说明他正在努力向妈妈敞开心扉，试着缩小与妈妈的心理距离。当他们说出曾经所受的伤害时，就应当接受，去理解，并且积极寻找能够治疗这些"伤疤"的方法。

试想，如果妈妈听了孩子的话之后，常常因为孩子说出了自己的调皮事而训斥孩子的话，那么她很可能再也听不到孩子内心的想法了。这样的误解不仅会伤害孩子的心灵，也会破坏亲子关系。其实，很多时候，妈妈把与孩子的交谈当作是朋友之间的聊天，就能得到完全不同的效果。

南风效应：温暖的沟通法最得孩子心

法国作家拉封丹写过一则寓言，北风和南风相约比武，看谁能把路上行人的衣服脱掉。于是北风便大施淫威，猛掀路上行人的衣服，行人为了抵御北风的侵袭，把大衣裹得紧紧的。而南风则不同，它轻轻地吹，风和日丽，行人只觉得春暖身上，始而解开纽扣，继而脱掉大衣。北风和南风都是要使行人脱掉大衣，但由于态度和方法不同，结果大相径庭。

这则寓言反映出这样一个哲理：即使出于同样的目的，采用的方法不同，最后导致的结果也会不同。心理学将这一哲理称为"南风效应"。

南风效应告诉了我们一个道理：温暖胜于严寒。这也就是说，妈妈在教育孩子时，要特别讲究教育方法，如果你总是对孩子横加指责甚至体罚，就会令你的孩子把"大衣裹得更紧"；而如果你采用和风细雨"南风"式的教育方法，那么你会轻而易举地让孩子"脱掉大衣"，达到你的教育目的，收到更好的教育效果。

有个初三的女学生深深地爱上了她的同学而不能自拔，于是给他写了一封热烈的情书，没想到却被老师知道了。老师把这件事连同那封情书交给了女孩的妈妈，女孩既感到无地自容，又感到恐惧万分。

她硬着头皮回到了家里，可没想到妈妈并没有什么异样。女孩心里忐忑极了，她一晚上都在偷偷观察着妈妈，可最终也没发现妈妈有什么不寻常的变化。等到临睡之前，她的心终于稍微放松下来了，她随手翻起了放在桌子上的小说，却发现那封情书就夹在里面，另外还有一张妈妈的字条："今天老师把这个交给了我，现在妈妈把它还给你。妈妈相信你可以自己处理好这件事情，相信你能权衡好感情和学业孰轻孰重。晚安，宝贝！"

俄罗斯思想家别林斯基说过："幼儿的心灵最容易受到各种印象的影响，甚至最轻微印象的影响……常常受到强烈的惩罚而变得粗暴的人，会残忍起来，冷酷起来，不知羞耻，于是任何惩罚对于他都很快变得无效了。"的确，长期生活在北风式教育方式下，孩子可能会走向两个极端，要么对许多事情失去兴趣，给自己和他人造成伤害；要么不敢寻找独立，成为父母和老师眼中的"好孩子"。这样的孩子走上社会后，要么缺乏解决问题的能力，不敢承担人生的责任；要么缺乏自信，一生唯唯诺诺，活不出自己。

孩子都有本能的自我保护意识，他一旦发现妈妈想要教育他，就会扣上心灵全部的纽扣，把整个心都封闭起来，进行紧张的心理防范。如果妈妈能从孩子的心理出发，消除被教育者——孩子的对立情绪，创造心理相容的条件，就能顺利开启孩子的心理围城，脱去他紧护心灵的外衣，敞开心扉。

因此，妈妈要时刻谨记:家庭教育中采用棍棒、恐吓之类"北风"式教育方法是不可取的。实行温情教育，多点表扬，培养孩子自觉向上的能力，才能达到事半功倍的效果。

教育不粗暴，说服有技巧

如果家长总是对孩子指指点点，就会给孩子造成咄咄逼人的感觉，令他难以接受，甚至因此引发对立情绪。相反，如果家长掌握说服孩子的方法与技巧，就能让孩子心悦诚服地接受家长的观点，收到事半功倍的教育效果。

有这样一个小故事：

齐景公生性好玩，常常爬到树上去捉鸟。晏子想说服齐景公改掉这个习惯。有一天，齐景公掏了鸟窝，一看是小鸟，就又放回鸟窝里。晏子问："国君，您怎么累得满头大汗？"齐景公说："我在掏小鸟，可是掏到的这只太小、太弱，我又把它放回巢里去了。"晏子称赞说："了不起啊，您具有圣人的品质！"齐景公问："这怎么说明我具有圣人的品质呢？"晏子说："国君，您把小鸟放回巢里，表明您深知长幼的道理，有可贵的同情心。您对禽类都这样仁爱，何况对百姓呢？"齐景公听了这些话十分高兴，以后再也不掏鸟玩了，而且更多地去关心百姓的疾苦。晏子顺利地达到了说服的目的。

晏子的赞美最终说服了固执顽皮的齐景公。由此可见，赞美对人有一种无穷的力量。

心理学研究告诉我们：每个人的内心都有自己渴望的"评价"，希望别人能了解，并给予赞美。所以，家长在说服孩子时，不妨用"放大镜"观察孩子言行中的闪光点，给孩子一个超过事实的美名，让孩子得到心理上的满足，找回自信，进而在较为愉快的情绪中接受家长的劝说，学会自律。

如果你希望孩子按你的想法行事而孩子却并不愿意这样做，那么你就要想办法去说服你的孩子，而不是用简单粗暴的方式命令他。但是，说服也需要技巧，也就是说，要根据不同的问题选择适宜的说辞。如果不管是什么情况，都用同一种方法去说服，就很难顺利达到目标。因此，要想说服孩子，就必须巧妙妥善地运用各种表达方法。

欢欢放学回家，进门就嚷着要吃红烧肉，恰巧欢欢妈不在家。欢欢看见爸爸，就嚷着对爸爸说："爸爸，我快饿死了，你做了什么好吃的？"

欢欢爸想到儿子从来不愿意自己出去买东西，就准备借机锻炼一下他，于是说道："妈妈今天不回来，要吃饭就得我们自己做。我看干脆晚饭不吃了吧，煮饭麻烦，法律也没有规定一天吃三顿呀。"

"可是我肚子饿得不行了。"

"你想吃什么？"

"我想吃红烧肉。"

"那你去买吧。"

"拿钱来。"

欢欢的爸爸首先提议"不吃晚饭"，让欢欢感到"绝望"，再提出"去买肉"这个劝说目标，于是欢欢就非常痛快地答应了，从而顺利地解决了问题，达到了自己想要锻炼孩子的目的。

心理学中有一个"欧弗斯托原则"，指说服一个人的时候，利用巧妙的说辞，让对方不得不接受你的提议。可见，欢欢的爸爸在说服欢欢独自上街买东西时，就运用到了这个技巧。

想要说服孩子,家长就不要总是急于发表你的看法。如果你的孩子喜欢犟嘴,那么在说服他的时候,不妨先听孩子把他想说的话说完,然后你再发表你自己的看法。同时,还要多反省一下你自己的行为,因为孩子有的时候跟父母对着干,是对过分控制他们的家长或过度保护他们的家长所做的最直接的反抗。所以,当孩子反抗时,你要反省一下,自己是否说得过多?是不是老在下命令?是不是动不动就唠叨和责备孩子?

再有,任何时候只要有可能,就多给孩子一些选择。多问孩子一些类似选择性的问题,比如"你觉得……""这个怎么样",切勿用"你应该……""你为什么不能……"这样的话。

最后,要想让孩子不加抵抗地改变主意,你就要学会晓之以理、动之以情,这是任何消极对立的观点都难以招架的。打动孩子的感情要比简单生硬的命令和责难强十倍,所以,家长对孩子说出的每一句话,都要有诚意,都必须是发自内心的,是真心实意地渴望与孩子交流的,并渴望得到孩子的认同与理解。

超限效应:说教切忌唠唠叨叨

小博从小身体就很弱,所以妈妈总是非常担心他的健康。每天早晨一起床,妈妈就开始了唠唠叨叨:"小博,多吃点饭,这样身体才能好!""小博,今天天气冷,多穿点衣服别感冒了!""小博,外面刮风了,别忘了戴上帽子!""小博……"终于有一天,小博生气地对妈妈说:"天天就是这些话,烦不烦啊!"说完背起书包夺门而出。妈妈则是眼泪汪汪,觉得十分委屈:我这不都是为了孩子好吗？孩子怎么能这么说我？

实际上父母过多的叮咛，并不能起到预期的效果，反而会因为过于"唠叨"使孩子感到不耐烦而听不进去，或者听得太多感到麻木，这都是因为产生了"超限效应"。

心理学上，机体在接受某种刺激过多的时候，会出现自然而然的逃避倾向。这是人类出于本能的一种自我保护性的心理反应。由于人的这个特征，在受到外界刺激过多、过强或者作用时间过久时，人的心理会极不耐烦甚至产生逆反情绪。这种心理现象就叫作"超限效应"。"超限效应"提醒家长们：人的心理对任何刺激通常都会有一个承受的极限，如果超过了这个极限，就会向相反的方向转化，也就是我们常说的"物极必反"。

当父母批评孩子的时候，应该记住：孩子犯了一次错，只能批评一次。如果需要再次批评的时候，要注意换个角度，用不同的话语去提醒孩子，这样才不会让孩子觉得因为同样的错误被父母"穷追不舍"，也不会因此对父母的说教感到厌烦。如果对于一个错误，父母一次、两次、三次，甚至四次五次地做出同样的批评，就会使孩子原本感到有些内疚不安的心理转变为不耐烦，最后发展到反感至极，甚至出现"我偏要这样做"的逆反心理。

为了避免批评时的"超限效应"，父母在教育孩子的时候要注意：要订立规则。如果孩子违反规则一次、两次，可以批评，但如果在此基础上仍旧违反，就要根据规则采取一些惩罚性的措施，不能只说不做，否则也会降低父母在孩子心中的威信。

有些父母可能认为，对孩子批评多了不好，那多表扬肯定没错了吧？其实表扬也同样存在着"超限效应"。表扬太多，会让孩子觉得父母是在哄自己,名义上是表扬,实际上是在提醒他这些方面做得不够好,要多注意。于是孩子一听到类似的表扬,就会感到不舒服。

还有些父母喜欢对孩子进行过多的大而空的说教。孩子即使认为父母的话在理,也会由于在短时间内遭受集中"轰炸"而感到难以承受。这也是许多青少年爱和父母犟嘴的原因。

从上面的内容可以看出,无论是批评还是表扬,甚至只是平时的教育,父母都应该掌握好"度"。任何事情如果过度,就会产生"超限效应";如果不及,又达不到既定目的。所以只有掌握好火候分寸,做到恰到好处,才能得到理想的教育效果。

让孩子理解你,而不是服从你

《新文化报》的记者曾经在一个地区的三所省重点中学发了280份问卷调查,结果令人震动:

问题一:你的袜子谁来洗?

95% 妈妈或其他长辈洗;5% 自己洗。

问题二:你认为妈妈辛苦吗?

22% 一般;59% 很辛苦;19% 不辛苦。

问题三:你常与妈妈沟通吗?

22% 经常;26% 偶尔;52% 几乎从不。

问题四:你给妈妈做过饭吗?

20.5% 没有;66% 有过一两次;13.5% 经常做。

问题五:你为妈妈洗过脚吗?

17% 洗过几次;20% 只洗过一次;63% 从来没洗过。

问题六：你常对妈妈说感激的话吗？

39% 是；20% 只是偶尔；41% 几乎从不。

问题七：妈妈不高兴时，你安慰过她吗？

62.2% 有；5.4% 没有；32.4% 有一两次。

问题八：你觉得应该回报帮助过你的人吗？

20% 没考虑过；62% 应该；18% 不用。

问题九：遇见教过你并常批评你的老师，你会说话吗？

86% 不理她（他），假装没看见；14% 会主动上前打招呼。

在这份问卷调查中，有 52% 的孩子表示自己几乎从来不和妈妈沟通。对于"你认为妈妈是否辛苦"的这个问题，有 19% 的孩子觉得妈妈不辛苦。"我一点也看不出妈妈辛苦。她每天早上起来给我做早饭，然后送我上学，晚上再来接我回家。天天如此，从来没有听她说过自己很辛苦啊。"妈妈只是没有把生活的辛苦和沧桑挂在脸上，孩子们就以为自己的妈妈一点都不辛苦。

从另一个角度上，很多妈妈总是以为只要给孩子吃好穿好，让孩子听话懂事就行了，她们不愿意让孩子知道自己工作生活上的辛苦，也从来没有给孩子理解自己的机会，只是觉得自己既然不辞辛苦为孩子撑起了一片天，孩子就应该服从自己，听自己的话。但是，孩子并不认同这个道理，他们并不会认为自己一定要服从妈妈。其实，让孩子服从你，不如让孩子从内心理解你。当孩子越是了解妈妈付出的辛苦，就越会从心里理解和尊重妈妈，也才能真正心服口服地听从妈妈的劝告。否则，孩子只会觉得自己所得到的一切都是理所应当的。

其实，当妈妈与孩子之间是地位平等、相互尊重、相互理解的时候，孩子往往能更好地感受到妈妈对自己的爱以及妈妈做出的牺牲；当孩子完全从属于妈妈的时候，他们就会无视别人为自己所做的一切了。

如果你的孩子也是这样不理解妈妈，那就应该想办法引导孩子认真思考一下：妈妈每天不仅要做好自己的工作，还要费尽心思照顾全家人的生活。即使面对着工作和家庭的经济压力，也很少跟孩子提起，实在是很不容易。妈妈空闲的时候，也可和孩子讲一讲自己工作上的情况，让孩子对妈妈工作的艰辛心里有数。要让孩子明确这样一个观念：无论妈妈从事什么样的工作，都是靠自己的双手在劳动，凭自己的本领在吃饭，都值得孩子敬重。

为了让孩子更理解自己，妈妈可以试试以下的这些方法：

（1）教育孩子学会理解他人。凡事除了从自身的角度考虑之外，还要推己及人，站在他人的角度理解一下，这样才能不失偏颇。

（2）通过让孩子参加一些简单的家务劳动让孩子学会珍惜妈妈的劳动。在劳动的过程中让孩子体会到做任何事情都不是轻易可以成功的，必须要付出努力才可以得到好的结果。

（3）最重要的一点是要和孩子建立亲密的沟通，让孩子了解妈妈的烦恼和辛苦。妈妈可以在晚饭的时候和孩子多聊聊天，不仅要关心孩子的学习生活，还可以让孩子知道自己在工作中遇到的问题和烦恼。

当孩子不能理解妈妈的苦心时，妈妈应该静下心来与孩子进行交流，告诉他你的困难、辛苦以及工作的状况，让孩子去理解你、关心你，这样才能更有利于孩子的健康成长以及建立良好的亲子沟通关系。

蹲下来，从孩子的角度看世界

在一个圣诞节的晚上，一位年轻的妈妈带着 5 岁的女儿去参加圣诞晚会。热闹的场面，丰盛的美食，还有圣诞老人的礼物……妈妈兴高采烈地领着女儿和自己的朋友们打着招呼，她原本以为女儿也会很开心。但是女儿几乎哭了起来，还坐到地上，鞋子也甩掉了。

妈妈气愤地一把把女儿从地上拉起来，大声训斥一番之后，蹲下来给孩子穿鞋子。在她"蹲下来"的那一刹那，她惊呆了：她眼前晃动着的全是大人的屁股和大腿，而不是自己刚才所看到的笑脸、鲜花和美食。她忽然明白了女儿为什么会不高兴，因为她"蹲下来"的高度正是女儿的身高。这一次，她知道了，只有"蹲下来"和孩子一样高，才能理解孩子的感受，才能真正和孩子去沟通。

"蹲下来"，不只是指在生理的高度上尽量与孩子保持相同的高度，更重要的是指在心理上的高度要平等，要用认真而亲切的态度，以平等的态度和眼光把孩子看成一个同样需要尊重的独立的人。其实，是否"蹲下来"与孩子说话，只是一种方式问题，重要的是在妈妈心中，是否把孩子真正当作和自己一样，是具有独立人格的个体，这才是问题的本质。只有妈妈在心理上不再居高临下，与孩子完全处于平等的地位时，孩子才会把他的真实想法告诉你。这就是孩子为什么喜欢把心里话对自己的朋友说，却不愿与妈妈说。

美国一位精神病学家曾经说过："教育孩子最重要的，是要把孩子当成与自己人格平等的人，给他们以无限的关爱。"尊重孩子，认识到孩子也是一个独立的人，有自己的情感和需要，放下做妈妈的架子，使孩子觉得妈妈和自己是平等的，这是妈妈为了孩子的健康成长而应做的。

可是，在现实生活中，我们经常看到的却是妈妈站在那里，大声呵斥孩子："过来！""别摸！"从说话态度来看，妈妈用居高临下、命令式的语调和孩子说话显得很威风，可是此时在孩子心目中的妈妈，却并不可敬，自然这样的沟通效果就不会好，而且妈妈也很容易失去威信，时间长了妈妈说的话孩子不会听，有些孩子还会产生厌恶妈妈的情绪。无数事例证明，只有妈妈转变姿态，像对待朋友那样去关爱子女，才有可能让孩子感受到平等。

无论孩子的想法多么幼稚，多么没有道理，妈妈也要学会耐心倾听，让孩子尽情倾诉。妈妈只有"蹲下来"和孩子说话，真正同孩子建立起一种平等的朋友关系，才能拉近彼此间的距离，更好地进行沟通和交流；也只有这样，妈妈对孩子的教育才会越来越容易，妈妈同孩子之间的紧张关系才会得到改善，家庭才会越来越和睦。

总之，"蹲下来"和孩子说话，是增强孩子独立意识的有效方式。"蹲下来"说话，不仅是一种行为的表现，也是一种教育观的体现。只有怀着崇高的责任心和热切的期望才能"蹲下来"；只有把孩子看作是平等的个体才能"蹲下来"。而只有"蹲下来"，妈妈才能平视孩子，才能获得和孩子真正交流的机会，才能真正明白孩子心中所想以及他们行为的真正动机。

另外需要提醒妈妈注意的是，理解孩子的内心感受只能解决问题的一半，更重要的是确认自己的判断与孩子的真实想法是否

131

一致。如果得到孩子的认可，可以采取针对性的解决办法；如果自己的想法与孩子的不一致，那么就要继续引导孩子对自己的行为做出解释，然后再根据具体情况慢慢引导孩子。

正确归因，让孩子认清事实

心理学家说，犯错是孩子的惯常行为之一，错误本身并没有可怕之处，最让人担忧的是，当错误已成事实的时候，孩子却选择了逃避，而没能从中学到生活的经验。由此，当孩子犯了错误之时，妈妈绝不能毫无原则地让步，更不能姑息放任。妈妈必须帮助孩子正确归因，让他们认清事实，知道自己为什么失败，为什么犯错，错在什么地方。

报纸上曾经登载过这样一件事：

三年级学生李某一天放学后在回家的路上走，两名中学生拦住了他的去路："喂，借点钱给我们用用。"10岁的李某虽说从来没碰到过这种场面，但也毫不示弱："我不认识你们，没钱。"其实，那两个人早就看到他的裤袋里藏了个鼓鼓的钱包，干脆抢了就跑。这可是李某攒了180天的零用钱，共180元。他哭着喊着去追赶，可哪里还追得上。旁边的大人还以为是小孩在吵架，谁也没当回事。

一个星期后，李某在班主任许老师的护送下，与同学们一起排队走出校门。上次抢钱的一名中学生出现了，不同的是，这次他的身边还站着一个大人。大人把李某叫到一边说："对不起，我儿子不争气，抢了你的钱包。你的180元钱和钱包现在在他同学手里，我马上通知那个同学的家长。"只一刻钟，当时结伴的另一名学生也赶到了,大人让两个孩子一起向李某道歉。

原来,这名抢钱的中学生的妈妈得知儿子与同学合伙抢了一名小学生的钱包后,寝食不安,仅凭儿子一句"那个学生可能在某某学校读书",她便每天上学放学,带着儿子到那一带的小学逐个认人,终于发现了背着书包排队出来的李某……

这位正直而充满勇气的妈妈,用另一种方式,一种比惩处更有效的方法,为自己的儿子、为更多的妈妈上了生动的一课:当孩子犯了错误时,千万不要偏袒他们,而是应该正确归因,让孩子认清事实,让他们为自己的行为负起责任。

心理学家指出,躲避责任,只会让孩子留下人生的硬伤,甚至一错再错。生活中,当孩子犯了错误的时候,家长们要把握好分寸,让孩子多从自己身上寻找原因,不断地完善自己,学会为自己所经历的一切负责。有一个年轻人,他在自己的文章里记录了母亲在一件事情上给过他的启悟:

中学时,我是住校生。每次离家前,母亲总不忘叫我带上一小袋米,因为我所就读的中学要求学生自己带米。

又是一次返校,因为疲劳,一上车我就昏昏欲睡。突然,一个紧急刹车把我从梦中惊醒。我睁开眼睛,浑浑然间感觉前面有一摊耀眼的白色。定睛一看,我大叫起来——"天啊,我的米!"不知何时,米袋口脱开,米从袋子里滚落下来,摊在地上成一堆白色。当我失声尖叫的时候,一个冷漠的眼神从旁边斜射过来。我看见一张写满不屑的脸,仿佛在告诉我他看到了米滑落的整个过程。刹那间,我的整个肺都要气炸了,他怎么可以这样冷漠?世界上竟然还有这样的人存在!我不知道应该用哪一种方式去让自己平静。我只是蹲在那个年轻人的面前,用双手一捧一捧地把米送回袋子,然后安静地等着下车。

此后,我一直被一种从未有过的愤怒和惘然所包围。我开始怀疑一些东西,重新审视身边的一切。

当我又一次回到家里,讲述那天在车上的遭遇时,我余怒未消,用最狠毒、最丑恶的字眼来诅咒同车的那个年轻人。我满以为母亲会与我同仇敌忾,声讨这个年轻人的劣行。不料母亲却平静地说:"孩子,你可以觉得委屈,甚至可以埋怨,但你没有权利要求别人去承担你自己的责任和过失。作为母亲,我只能希望我的儿子在别人的米袋口松开时,能帮忙系上。"

这位母亲的语言中充满了智慧,她很平静地告诉了儿子一生做人的道理:凡事不要把希望寄托在别人身上,更不要埋怨别人,永远也不要盼望着让别人来为你担当责任。从这位母亲的做法之中,我们可以参悟出培养孩子的心得:我们可以从身边的平凡小事中延伸到立身社会、处世做人的准则,经常告诫孩子凡是自己做错的事,自己就要负责任地做好,不能让别人来替你收尾,甚至来承担责任和弥补你的过失。自己的事情自己负责,这样的孩子在进入社会时,才会少一些尴尬,多一分练达。为自己的过错担当责任,孩子在面向广阔的人生天地时,才能赢得别人的信赖,并会有所成就。

发自内心的表扬才是有效的激励

每一个孩子都需要父母的肯定与鼓励,这一点毋庸置疑,但是如果仅仅是空洞的表扬,或者是不着边际的吹捧,并不能培养孩子真正的自信。父母要抓住孩子的长处，并且加以肯定和表扬，才能够将真正的自信植入孩子心灵的深处。

彤彤是一个浓眉大眼的小孩，既聪明又可爱，家里的人都很喜欢他。彤彤在家里早就听惯了各种各样好听的话，所以不免有些骄傲，但同时他对所有的赞赏都表现得不屑一顾，他觉得获得赞赏是理所当然的一件事情。可想而知，后来彤彤成长为一个很刁蛮的小孩，别人根本说不得，什么话都听不进去。

美国心理学家里维斯博士认为，赞扬应当在孩子完成某一个值得肯定和鼓励的行为时进行，而且要恰如其分。对孩子空洞或不恰当的赞美，不仅无益，还会引起相反的效果。里维斯发现，许多妈妈常常用"你是个好孩子"之类的话来称赞孩子。这种总体的、笼统的赞美，起不了引导孩子正确自我估价的作用，因为他们无法知道自己好在哪里。妈妈应当对孩子具体的行为进行及时具体的表扬，如孩子洗了手绢，可以夸赞他洗得真干净；孩子收拾了玩具，可以表扬他收拾得真整洁。只要孩子有进步就要鼓励，有好的表现就要加强鼓励的感情色彩。如果妈妈留心，总会找出具体理由来称赞与表扬孩子。

同时，家长对孩子具体行为的夸奖也要适度，廉价的赞美一定会贬值，这样的赞美在孩子心中不会起任何作用，或者使孩子形成不切实际的自我估价而盲目自满，总之是会危害他们成长的。

表扬是一门艺术，过多的表扬一定会影响孩子的行为动机，还会促使孩子为了得到表扬而采取行动。所以，聪明的家长一定要学会表扬孩子的方法，没有价值的赞美最好尽量杜绝。

那么要如何表扬孩子，才会成为有效的激励呢？

首先，要让孩子知道父母表扬他的理由，也就是说父母表扬得越具体，孩子就越明白哪些行为是好行为，也就越容易找准努力的方向。如果父母总是用一些泛泛的语言来表扬孩子的话，这样虽然从表面上看是提高孩子的自信心了，但是孩子会不明白自己究竟好在哪里，为什么受表扬，以后就会逐渐听不进去别人的批评了。

再有，要针对孩子的个性进行适度的表扬，对那些性格很内向、个性很懦弱、能力也很差劲的孩子，要多表扬才能够肯定他们的成绩，增强他们的自信心。相反，对那些虚荣心很强、态度又很傲慢的孩子，就要有节制地运用表扬的手段，否则就会助长他们的不良性格，影响他们的进步。

最后一点就是，表扬不仅仅要看结果，更要看到过程。比如说孩子好心办了坏事怎么办？家长是要表扬呢，还是要批评呢？聪明的父母看到这样的情况，一定要对孩子的"好心"提出表扬，然后再帮助孩子分析"坏事"的原因，告诉他要如何改进，这样就会收到良好的效果。

表扬孩子的方式有很多，不一定只是口头表扬，只要是适合孩子的表扬方式都能够收到很好的效果，比如说为孩子购买图书，购买玩具对其进行物质奖励，也可以是对孩子做出搂抱、竖大拇指之类的表情奖励。总之，恰当的表扬方式，会收到最好的表扬效果。

用表扬"刺激"孩子主动反省

宁宁看见妈妈在厨房里忙碌，便过去帮妈妈择菜。结果，她把菜叶弄得满地都是。妈妈见孩子这样帮"倒忙"，气不打一处来，便明褒暗贬地对孩子说："你可真能干，我们家都快成菜市场了。"妈妈的这句冷嘲热讽的话，极大程度地打击了宁宁"尝试"的积极性。从此以后，宁宁再也不愿意帮妈妈干活了。

其实，如果宁宁的妈妈换另外一种说话的方式，比如"宝贝，你真的长大了，能帮妈妈干活了，不过让妈妈先来给你演示怎么择菜好吗"，那么孩子肯定就会开开心心地和妈妈学习择菜，并能由衷感受到快乐。

著名教育家陈鹤琴说过："无论什么人，受激励而改过，是很容易的，受责骂而改过，却不大容易，而小孩子尤其喜欢听好话，不喜欢听恶言。"可见，家长每一次对孩子的鼓励都是为他创造一次成长的机遇，孩子需要鼓励，需要信心，就如植物需要浇水一样，离开鼓励，孩子就不能进步。

在批评心理学中，人们把原本要批评的过错不给予直接批评，而是充分肯定或表扬其长处，使犯错者自我反省，进而认识过错，改正过错的现象，称为反弹琵琶效应。这种反弹琵琶式的批评方式，对教育孩子也非常有效。

成功学大师拿破仑·希尔从小曾经被认为是一个坏孩子。母牛走失了、树莫名其妙被砍倒了等诸如此类的坏事，人们都认定是他做的，甚至父亲和哥哥都认为他很坏。人们都认为母亲死了，没有人管教是希尔变坏的主要原因。既然大家都这么认为，他也就无所谓了。

直到有一天父亲再婚。当继母站在希尔面前时，希尔像枪杆一样站得笔直，双手交叉在胸前，冷漠地瞪着她，一丝欢迎的意思也没有。

"这就是拿破仑,全家最坏的孩子。"父亲这样介绍道。而他的继母则把手放在希尔的肩上,看着他,眼里闪烁着光芒。"最坏的孩子?一点也不,他是全家最聪明的孩子,我们要把他的本性诱导出来。"

继母造就了希尔,他一辈子也忘不了继母把手放在他肩上的那一刻。

无论什么人,受激励而改过是很容易的,受责骂而改过却不大容易,孩子尤其是如此。作为最关心爱护孩子的妈妈,更要善于从孩子的错误行为中发现孩子的闪光点,并对之表示肯定地赞扬,以此刺激孩子主动去反省自己的行为,获得最真实的感受。当孩子发自内心地认识到自己的错误和不足之处时,那么他想要改变,就会是一件特别容易的事情了。

不过,反弹琵琶批评毕竟是批评,不是完全的表扬,因此,批评二字不能忽略,不能把批评变成表扬。这也就是说,反弹琵琶批评可以先表扬后批评或批评寓于表扬之中,这都是可以的,但一定要让孩子感悟到自己的错误所在,并使其改正。否则,这种批评就不是反弹琵琶批评了。

批评不可少,但绝不能多

有的孩子总是把妈妈的批评当成耳边风,甚至屡教不改,如你越是三番五次地对孩子说"你要将你的屋子收拾干净",他就越把你的话当作耳边风,屋子杂乱依旧。甚至有的时候,你越批评他,他就越要犯同样的错误。妈妈们一面觉得孩子不听话,一面又继续不停唠唠叨叨地数落孩子，但似乎永远看不到孩子发生改变。妈妈们在"怒其不争"的愤懑之余，是否能够想到，是不是因为自己批评的话太多了，导致孩子这样呢？

美国著名作家马克·吐温经历过这么一件事：有一次他在教堂听牧师演讲。最初，他觉得牧师讲得很好，使人感动，准备捐款。过了10分钟，牧师还没有讲完，他有些不耐烦了，决定只捐一些零钱。又过了10分钟，牧师还没有讲完，于是他决定1分钱也不捐。等到牧师终于结束了冗长的演讲开始募捐时，马克·吐温由于气愤，不仅未捐钱，还从盘子里偷了2枚硬币。

从心理学的角度来看，成人的短时记忆容量为7±2个单位，孩子的短时记忆容量相对更小，内容过量就会使孩子的短时记忆不断刷新，客观上导致孩子听了后面忘了前面，主观上也就会令孩子产生厌烦心理。

人的注意力主要受大脑额叶的支配，而额叶的髓鞘化要到7岁才完成。所以，就时间而言，即使是一个成人在有意注意的情况下，10~15分钟的言语刺激就已经是一个冲程，更何况是还未发育完全的孩子。如果家长对孩子不停地唠唠叨叨，这明显就是在挑战孩子的身心承受能力，必然会令孩子产生厌烦和逆反心理。

还有一些父母，喜欢对孩子进行过多的大而空的说教。孩子即使认为父母的话在理，也由于在短时间内遭遇"集中轰炸"，而感到难以承受，这也正是许多孩子爱顶嘴的原因。

如果想批评对孩子"生效"，那么对孩子批评的话就不要多。在生活中，孩子难免会犯一些错，毕竟每个人都是在犯错的过程中累积经验成长起来的。对于孩子犯的错，妈妈应当一事一议，犯了什么错就纠正什么错，不要加以引申，对孩子"翻旧账"。说教的态度要温和，语言要简明，指出改正错误的方法。而且，根据孩子身心发展的特点，当孩子犯错时，讲道理最好控制在3分钟以内，最长不超过5分钟，以免令孩子难以接受，产生厌烦抵触的情绪。

批评不是挖苦，别拿讽刺来伤害孩子

"妞妞过来，给叔叔表演一个丑女无敌。"5岁的小女孩就摇摇晃晃地走到客人面前，跟着电视上面的样子学一些搞怪的动作，爸爸妈妈哈哈大笑，小女孩也跟着父母乐开了花。

很多家庭里都出现过类似的场景。其实，父母本来是想展示女儿的聪明可爱，可是这样的事情给女孩留下的印象就是"扮丑就是乖孩子"，她会越来越倾向于扮丑角。

还有一些父母，喜欢叫孩子"笨姑娘""傻妞""丑丑"这样的贬称。尽管父母没有恶意，但却会令孩子的自尊心受损，令他们在自我认同上，偏向别人对自己的称呼，就真的"越叫越胖""越叫越傻"。更有甚者，一对孩子发起脾气来，就开始用讽刺性的话如"你长脑子没有"，"脑子进水啦"，"笨得像个猪"，"天下第一蠢材"，用这样的话来打击孩子。

孩子有时出了差错，便遭到父母的指责，甚至讽刺和挖苦。可是，这种讽刺挖苦的教育方式，往往会造成与本来目的相反的效果。

当孩子还没有完全形成道德观念时，他分辨是非的能力还很差，对"对"和"错"的概念还不能区分清楚，也无法理解讽刺的真正含意。所以，当孩子听到讽刺、挖苦的话时，并不能清楚自己做的事错在哪里。久而久之，孩子就无法形成正确的是非观，甚至会将错的当作对的。

随着年龄的不断增长，孩子认识事物的范围逐渐扩大，对事物的理解逐步深刻，逐渐能从家人的神态、语气中察觉出某些话是在讽刺、讥笑自己。这就会令孩子反感、不满，产生反抗情绪，自尊心严重受损甚至完全泯灭，甚至会因此而酿成无法挽回的悲剧。

有一个14岁的女孩，因为上课的时候总是迟到而被请了家长。女孩的妈妈在老师的办公室，觉得很丢面子，于是随口就对低着脑袋站在一旁、本来已经惭愧不已的女儿丢了一句"胖得跟猪似的，能不迟到吗？"结果，第二节课之后，这个女孩从教室冲出去直接跳楼了，抢救无效死亡。

这个妈妈肯定没有想过自己的一句批评会要了孩子的命。但是，在众人面前讽刺挖苦孩子胖得像猪，即使这个孩子不跳楼，那么这句话对她的打击和伤害也可能是一生都挥之不去的。

如果家长总是讽刺挖苦孩子，那么孩子会觉得被当头打了一棒，失去信心，放弃努力，因为就连和自己最亲密的人都对他并没有信心，自己上进心的表现父母也只是不屑一顾。此外，孩子还会觉得父母不讲理、虚伪、不公平，因为他明白，如果他对父母也用这种嘲讽的口气，一定会遭到父母变本加厉的责骂。再有，这种讽刺挖苦的话还会让孩子学到不良的沟通方式，即用同样讽刺的话代替原本正常的交流，这必然不利于孩子的人际交往。最关键的是，这种讽刺挖苦会极大程度毁掉孩子的自尊心，令孩子与家长的关系变得疏离、淡漠。

孩子的自尊心既强大又脆弱，他们最看重的就是别人对自己的尊重，尤其渴望得到父母的尊重。批评孩子不等于挖苦孩子。所以，无论孩子犯了多么可笑的错误，妈妈都一定不要用讽刺挖苦的话来伤害孩子，而是应当就事论事，引导孩子主动去思考、去反省，这样才能使批评更有效，令教育达到预期的效果。

不要因为错误而全盘否定孩子

有一个5岁的小朋友，他习惯饭前不洗手，这个坏毛病怎么都改不过来。妈妈就批评他说："之前说多少次了你都不听，今天我一定要好好教训你一下，否则的话你以后就该翻天了。"这样一边说着，一边把儿子拉过来，在他屁股后面使劲地打了几下。这个小朋友边哭边说："妈妈，你小时候就没有做错事吗？"当妈妈听了这句话，不由得愣住了，孩子说的并不是没有道理啊，不就是没洗手吗？别说是孩子了，大人又怎么能有十全十美的呢？

没有一个人从出生就是正确的，也不可能有人不犯错。所以在一个孩子成长的过程中，犯错是必然的生活体验，犯了错，父母要给予一些谅解和宽容。

每个孩子都曾在爸爸妈妈眼皮底下犯错。

1岁时：缠人，闹夜。

2岁时：不好好吃饭，咬人，抓人。

3岁时：乱拉屎尿，乱涂乱画，跟屁虫。

4岁时：捣蛋，恶作剧，不顺心就和大人对着干。

5岁时：撒谎，欺负比自己小的孩子，欺负小动物。

6岁时：乱跑，偷拿别人的东西，砸烂玻璃。

7岁时：贪玩，不爱学习，多动。

孩子小的时候，爸爸妈妈总是盼望着孩子能够快快长大，然而当孩子长大了之后，那些烦人的小毛病终于没有了，但是父母还会担心，怕他不好好学习，怕他沾染上各种各样的坏习气。可以这样说，一个孩子在任何年龄都有出现各种错误的可能，这简直是防不胜防。

当然了，一个孩子出现了错误固然是不好的，但是如果他从来没有出现过错误，从小就是个格外乖的宝宝，那会更让人忧心。孩子小的时候，该犯的错误没有机会犯，到了不该犯错的时候，却用幼稚的行为去"补课"，那就得不偿失了。聪明的爸爸妈妈，当然希望孩子丢人都丢在最不懂事的时候。

所以，父母们千万不要苛求孩子不犯错误，正是在这些犯错误的过程中，一个孩子才可以得到成长。孩子可以在欺负别人或者是被别人欺负中学会自我保护；在伤害小动物的过程中，明白怜悯和爱惜，这些都是孩子可以从犯错中学到的宝贵品质。

错误能够带给孩子成长，这是有心理依据的，心理学家发现，人类的孩子和动物小的时候一样，要在游戏中训练攻击和防御，通过这样的方式来获得生存的能力。所以在孩子的成长过程中，他们需要一些犯错误的机会。

而那些一直受到贴身看护的孩子，那些得不到行为与情绪实践机会的孩子，他们长大了之后内心总有一些不踏实，有的时候甚至会以一种冲动的行为或者异样的举动来补偿那些小时候没有经历过的事情。也许有很多家长都会注意到这样的现象，小时候自己的孩子明明是一个懂事听话的乖宝宝，但是长大了之后却让人费心，整夜都在打游戏，不回家，别人说一句不中听的话就不高兴。出现这种现象的原因很简单，就是这些孩子在小的时候，根本就没有犯错误的机会，长大之后摆脱了父母的限制，就迫不及待地犯起错误来了。

一个孩子的成长经历就像是一盘录像，只有体验到了快乐、痛苦、悲伤、骄傲等这样的情绪，才会在心灵上留下痕迹，也才能够在以后的成长道路上倚靠这些痕迹更加健康快乐地成长下去，这就是孩子的一种"心理反刍"。然而错误也是这种体验之一，也有存在的必要性。所以当孩子小的时候犯了一些小错误，他们会通过错误来确认与外界的关系，进而获得对错误的部分免疫，长大之后这些孩子再出现错误的概率也就会少很多了。

严格不是粗暴的遮羞布

过度的溺爱是害孩子，而过度严厉同样也是在害孩子。妈妈对孩子提出比较高的、比较严格的要求是必要的，但应当把握好"度"。

如果妈妈期望过高的话，就有可能会适得其反，这时孩子会觉得自己无论怎样努力也达不到妈妈的要求，无论怎样努力都是失败，渐渐地就会失去信心，对自己的能力产生了怀疑，有些极端的孩子干脆来个"死猪不怕开水烫"，反正无论如何都达不到要求，索性主动弃权，自暴自弃。

有一个小学四年级学生，是班里的学习委员，老师心目中的"尖子生"。但妈妈对她的期望过高、要求过严，要求她每门功课必须在98分以上。有时她考了95分，虽然在班里名列前茅，妈妈却仍不满意，对她严厉批评。在妈妈的严厉管教下，她的心理压力越来越大。渐渐的，她便感到力不从心、疲惫不堪，学习成绩明显下降，对学习也产生了厌倦，开始喜欢上了逃课，当老师找到她时，她蜷缩在路边，十分恐惧，并且哀求老师不要把她送回家去，她害怕回家面对严厉的妈妈。

慈母败子的错处在于让孩子自我无限的扩张，而严母毁子的错处在于让孩子自我无限的萎缩。妈妈过于严厉，不仅对孩子的身心发展有危害，还会对孩子的价值观进行腐蚀。如果妈妈对孩子管教过于严苛，对孩子没有耐心，容易暴怒、动辄体罚，就会适得其反。孩子在这样的环境长大就会潜意识中把暴力植入自己的大脑，以为这就是解决问题的方法，久而久之就养成了崇尚武力解决一切的习惯，严重阻碍孩子的健康发展。

曾有位心理学家介绍过这样一起个案：有个妈妈总觉得7岁的女儿动作慢，对女儿横竖看不顺眼，经常打骂孩子，发展到后来，几乎每天都要打女儿。女儿看上去是个非常聪明伶俐的小姑娘，当他问这个小姑娘妈妈为什么要打她时，她一边怯怯地看着妈妈，一边不好意思地说是自己表现不好，老说妈妈不喜欢听的"脏"字。他扭过头来再问女孩的妈妈,这个妈妈则毫不在乎地说："她的缺点太多了，现在对她严格一点，将来她才能更好"。

接着，他拿出了一张纸，让女孩画出她心目中的爸爸和妈妈。女孩三下两下就画好了。画上的妈妈没有耳朵、眼睛很小。问她为什么妈妈是那样的形象,女孩解释说,她害怕妈妈,希望妈妈永远看不见也听不见她的"坏"行为。

这个妈妈举着对孩子"严格教育"的幌子,实则是对孩子身体和心灵的粗暴虐待。严格不是粗暴的遮羞布,诚然每位妈妈都希望自己的孩子能与众不同、出人头地,但也要量力而为,不要强求孩子做超出他能力范围以外的事,更不要拿一把标尺去衡量他。毕竟,每个孩子的心理素质和自身能力是不同的,妈妈应当根据孩子的实际能力和水平,提出适当的要求。妈妈应该知道,孩子的成功与否并不是最重要的,快快乐乐地成长、幸幸福福地生活才是生命的真谛。

别让爱被条件绑架

妈妈爱孩子,按道理说,孩子就应该感到非常幸福,对妈妈也应充满感激之情。然而,多项调查结果显示,目前在我国多数学龄孩子的心目中,妈妈往往既不是他们最亲爱的人,也不是他们最崇拜的人,而是最不理解他们、最不讲理的人。很多孩子不但不觉得自己幸福,反而认为自己是最辛苦的人。

诚然,造成这种局面的原因很多,比如传统中国式的家庭教育习惯、现行教育体制的不完善等。但从根本上讲,还是因为这种爱的附加条件太多,令孩子在享受来自父母的爱的同时,也背负上了沉重的心理负担,承受了难以承受的心理压力。如果这种形式的爱得不到改善的话,那么随着孩子的成长,他必然就会开始抵触甚至是反抗,因而也就自然与父母隔阂疏远,严重时还会出现敌对的现象。

也许妈妈们并不觉得自己给孩子爱的同时强加了条件，但仔细反思自己的行为，就不难找到一些线索。例如，你是否对孩子说过如下的话：

"听话！妈妈只喜欢听话的孩子！不听话我就不要你了！"

"你学习成绩好才是好孩子，妈妈才会爱你！"

"妈妈养大你这么不容易，你一定要好好争气，不然我就不再爱你了。"

"为了你，我天天这么辛苦。"

"你是我们的希望，我们愿意为你做任何事，只要你好好学习。"

……

妈妈是否都对孩子说过此类的话呢？这些就是有条件的爱。当妈妈说出这句话时，或者心里有这种想法时，就证明妈妈对孩子的爱是有条件的了。这样的条件存在于如下的潜台词中：你必须服从我、遵照我的指令去做、按照我的设计去成长，否则我就不爱你。乖乖地听话、取得好成绩、考上好学校、给妈妈挣得脸面和荣耀……不满足这些条件，妈妈就不爱你，甚至将你逐出家门。

例如，当妈妈说出"你是我们的希望，我们愿意为你做任何事，只要你好好学习"时，好好学习就成了妈妈爱孩子的条件，也是孩子得到妈妈爱的前提。如果孩子不能取得令妈妈满意的好成绩，就会受到妈妈的责怪，或是在心理上给自己背上沉重的压力。长此以往，孩子就会迁怒于学习，而学习也就成了横在妈妈和孩子之间的一座高山。这座山不搬走，孩子和妈妈的关系就很难融洽。

在心理学上，这种条件式的爱被命名为"非爱行为"，即指以爱的名义，对最亲近的人进行一种非爱掠夺。这非但不会令孩子感受到你的爱，对你产生感恩之情，反而会令孩子感受到莫名的压力，令孩子对你越来越反感。

爱孩子是不需要任何条件的。所谓无条件的爱就是全盘接纳你的孩子。美国亲子教育专家盖瑞·查普曼和罗斯·甘伯认为："无条件的爱就是无论孩子的情况如何，都爱他们。亦即不管孩子长相如何，天资、弱点或缺陷如何，也不管我们的期望多高，还有最难的一点是不管孩子的表现如何，都要爱他们。但这并不表示我们喜欢孩子的所有行为，而是意味着我们对孩子永远给予并表示爱，即便他们行为不佳。"

不过，对于有这种习惯的妈妈来说，要改变这种局面不是一件容易的事，它需要一个漫长的过程。最重要的是，妈妈不要再把孩子学习成绩好、孩子的表现符合自己的要求作为爱孩子的条件，而是应该在孩子成长的过程中给予他切实需要的帮助和爱，不用自己带有附加条件的爱使其窒息。只要妈妈在生活中多注意自己的言行，不要再表现出这些"非爱行为"，那么久而久之，这种现象就会渐渐消失。

第 4 章

教育要兼顾孩子的个性气质
——好妈妈要懂点个性心理学

孩子气质越早了解越好

气质，是表现在心理活动的强度、速度、灵活性与指向性等方面的一种稳定的心理特征。孩子刚出生的时候就具有明显的个性差异，这就是天赋的气质，比如有的孩子一出生就很安静，有的总是哭个不停；随着年龄的增长还会表现出更多的行为差异，比如有的孩子见到生人不害怕，总是笑脸盈盈的，而有的孩子则躲在妈妈身后很久才肯与人打招呼；有的孩子遇到困难就容易放弃，有的则锲而不舍，坚持到底；有的孩子对声、光、冷、热很敏感，有的则很难感受这些环境的细微变化；有的孩子生活很有规律，有的则喜欢随性地生活……这就是天生的气质带来的不同表现。气质是人格形成的原始材料之一，两者之间的区别在于，人格的形成以气质、体质等先天条件为基础，并且受到社会环境的影响；而气质是指人格中的先天倾向。

气质学说最早是由古希腊的医生希波克拉底提出的，他认为人体内有四种体液：黄胆汁、黑胆汁、黏液和血液。根据这4种体液的在人体内的不同比例，他把人的气质划分为4种类型：体液中黄胆汁占优势的气质类型被称为胆汁质；黑胆汁占优势的气质类型被称为抑郁质；体液中黏液占优势形成黏液质；血液占优势则是多血质。

这几种气质类型的人具有不同的行为特点。胆汁质的人性格暴躁，容易情绪激动，不过他们反应迅速，行动敏捷，能以极大的热情投身于自己感兴趣的事物中，不过一旦精力消耗殆尽，他们就会变得沮丧且容易放弃；抑郁质的人情感细腻，总是会因为微不足道的原因动感情，行事孤僻，面对危险时会极度恐惧；黏液质的人动作缓慢，但是注意力持久，情绪不易激动，自制力强；多血质的人能够很快适应环境，善于交际，受不了一成不变的生活。

孩子从很小的时候就已经表现出了自己的气质类型，如果父母能够早些了解孩子的气质类型以及这种气质可能带来的人格特点，那么父母就可以有针对性地教育孩子，帮助孩子扬长避短，这对孩子早日成材大有好处。

父母首先要明确的是气质不等于人的风格和气度。人的气质可以划分成不同的类型，每一个人都有不同的气质类型，但绝大多数人都只是接近某种纯粹的类型，同时兼具其他气质类型的特点，所以家长在判断孩子的气质类型时，千万不要把硬把孩子划到某一类型中去，而是应该通过观察和测定去发现孩子具有哪些气质特点。

父母在判断孩子的气质类型时，一定要了解以下几个原则：

（1）明确每个孩子都有固有的独特气质。每个孩子都具有与众不同的一面，不同的孩子对同一事物可能会出现完全不同的反应，但是他们的反应模式在一定程度上具有一贯性。

（2）气质类型在遭遇变故或者有压力时会表现得更加明显。一个人在面对困难时的态度和反应更能体现出本质。比如当孩子转学到新的学校时如何适应新环境或者当孩子面对重大考试时的态度都能很好地体现孩子的气质特征。

（3）试图改变孩子气质的努力是徒劳的。儿童的气质与生俱来，想要改变它非常难。如果父母总是想要按照自己的期望去塑造孩子而不是根据他的天性去发展，那么结果往往是让孩子和父母都失望。

（4）父母应当顺应孩子的气质进行教育。这就需要父母明确孩子的气质类型之后调整自己的期望或要求，为孩子提供能够契合他的气质的生活环境。当父母的期望能够与孩子的气质相吻合时，孩子的发展前景往往是乐观的。

气质没有好坏之分

一位儿童心理医生讲述了某一天的经历：

今天有两个家长分别带着孩子来做气质测试。第一个是个小女孩，叫莎莎，这个孩子从一出生就是个人见人爱的小宝宝，从出生那天起就从来都没有像其他的小孩那样半夜哭闹不止，吃奶有规律，吃饱就睡觉，爸爸妈妈都为有这样一个省心听话的小女儿而骄傲，总是自豪地向朋友夸耀自己的孩子。不过莎莎从小就不爱运动，爬起来也慢吞吞的，像个小乌龟。莎莎的测试结果是黏液质，我告诉莎莎爸爸黏液质的气质特点决定了这个孩子很让父母省心，是比较容易养育的类型。这位爸爸听了，高兴地抱着孩子亲了又亲，好像自己的孩子刚刚得了大奖一样。

另一个是叫贝贝的小男孩，这个孩子和莎莎刚好相反，爱哭闹，经常会为了一点小事大哭不止。不过他学习爬行和走路倒是很快，比同龄人都早，而且学会了走路之后就更是一刻都安静不下来，这让妈妈头痛极了。测试结果显示，贝贝是个典型的胆汁质孩子，控制情绪的能力不强。听到这个结果，妈妈满面愁容地请教医生怎么才能让孩子安静下来。

现在的父母大多是有文化的人，很重视孩子的教育，也不会轻易放过任何能够改造孩子的机会，因此带着孩子做气质测试的父母也越来越多。在为孩子做心理测试的时候，父母们似乎出现了这样一种倾向，听到自己的孩子性格沉稳就高兴不已，听到孩子淘气冲动就愁容满面。

其实这是完全没有必要的，气质是人的天性，根本没有好坏之分。它只是给人们的言行涂上一种色彩，但是并不能决定一个人的社会价值，也不能依靠气质来评价孩子的道德水平。任何一种气质类型的人都可以成为品德高尚、有益于社会的人，当然也可能成为道德败坏的人，对社会造成危害。虽然性格沉稳让父母省心，但是这些孩子也会出现固执己见的倾向；虽然孩子打打闹闹很调皮，但是他们也拥有热情似火的生活激情。所以气质本身是一个中立的概念，并不存在好坏之分，具有独特气质的孩子在性格上没有优劣之分，都有各自的优缺点，每一种气质的人都可以通过自己的努力在不同的领域取得成就。

不过，虽然气质没有好坏之分，但是每种气质都有积极的一面和消极的一面，所以任何一种气质类型的人都既可能发展为具有良好的性格并且充分发挥自己才能的人，也有可能会成为性格不良、才能受到限制的人。父母大可不必为了孩子的气质不是自己所期望的类型而失望，因为任何一种气质都有它的优点。

虽然气质不能决定一个人能干什么和不能干什么，但是气质可以告诉我们孩子做什么会比较顺手，做什么会比较困难。比如要求持久、耐心、细致的工作，黏液质和抑郁质的人干起来就很容易适应,而对另外两种类型的人来说就是一种痛苦;但是如果一项工作需要很强的应变能力,这个舞台就会让胆汁质和多血质的人大放异彩。

所以父母要尊重孩子的气质天性,只有按照天性长大的孩子才能够充分挖掘自己的潜力健康快乐地长大。如果父母一定要逆势而为,强行改变孩子的气质,那么最后的结果极有可能与自己最初的期望背道而驰。

训练胆汁质儿童的情绪控制力

晶晶是个热情活泼的女孩,她对待别人十分真诚,而且总是主动地去帮助别人,很受同学和老师的欢迎。晶晶还是一个热爱班集体的人,学校大扫除的时候到处都能看到她活跃的身影。可是这样一个讨人喜爱的孩子,竟然是一颗"小炸弹",稍有不顺心就会大发脾气,而且发泄方式也很吓人,教室里经常会上演她声嘶力竭地大哭,使劲揪自己的头发,撕书撕纸的戏码。发完脾气之后,老师找她谈话,她也会很平静地承认自己不对,但是用不了多久,她还是会故态重演。

其实晶晶是一个很典型的胆汁质儿童,她的种种表现是胆汁质孩子的共同特点,精力旺盛、易冲动、情绪变换剧烈。对于胆汁质孩子来说,提高他们的情绪控制能力是最有效地解除气质枷锁的武器。那么父母要怎样才能帮助孩子提高情绪控制能力呢?

首先最重要的一点是要爱孩子。也许有的家长会说:"谁不爱孩子呢?这跟提高情绪控制能力有什么关系呢?"其实这一点很重要。因为胆汁质的孩子脾气火爆，所以很多时候会让成人面对他们的时候也会不由自主地怒气冲天。对胆汁质孩子的爱要体现在尊重他们的气质，不要强迫他们去改变。虽然任何类型的孩子都不应该去改变他们的天性，但是胆汁质孩子被强迫的时候会出现非常强烈的反抗。另外当他们发怒的时候，父母要控制住自己的情绪，不要被孩子的情绪影响，否则只会让整个事件火上浇油，不能从根本上解决问题。

要提高孩子的情绪控制能力，要让孩子学会冷静。父母要帮助发脾气的胆汁质孩子冷静下来，当孩子平静之后，不要当天解决问题，而是要在第二天为孩子分析整个事情的前因后果，让他们认识到自己的错误。如果当时场面失控，父母要立刻做出反应。比如有的胆汁质孩子和小朋友玩耍的时候，极有可能一言不合就动手打人，有的时候甚至会不管三七二十一拿起手边的东西扔过去。这时候父母要冲过去抱住孩子，不管他们如何挣扎都不要放手，另外还要在孩子的耳边低声安慰，平复他们的心情。

当孩子心情平复之后，家长要引导孩子思考有没有更好的解决办法。首先要告诉孩子在遇到冲突、矛盾和不顺心的事情的时候，发脾气是不能解决问题的，可以采取这样的三步来解决问题：首先，明确生气的主要原因是什么；然后，进行冷静地分析，明确哪些方式可以解决问题；最后，找出最佳的解决方式，并采取行动。

如果父母的努力没有抑制住孩子愤怒，那么父母也可以用其他东西来转移孩子的注意力。其实人的情绪往往只需要几秒钟、几分钟就可以平息。但是如果不良情绪没能及时转移，就会变得更加强烈。比如，忧愁的人越是往忧愁的方面想，就越会感到自己的无助；而正在生气的人越是想着让自己发怒的事情，就越会觉得自己的怒气还没有发泄出来。现代生理学的研究表明，人在遇到恼怒的事情时，会把不愉快的信息传到大脑里面，随后逐渐形成神经系统的暂时性联系，形成一个优势中心，而且越想越巩固；但是如果马上转移，去想高兴的事，建立起愉快的兴奋中心，就会有效地抵御、避免不良情绪。

父母还要教给孩子合理地宣泄不良情绪的方法。看到孩子情绪低落的时候，可以抽出时间和孩子一起聊聊天，做做游戏；发现他要发脾气的时候，可以带孩子去做做运动。

让抑郁质儿童走出自己的小世界

抑郁质的孩子大多性格内向，无论做什么都喜欢一个人，不会主动与其他孩子交流，即使小伙伴与他说话，他可能也会害羞地避开。所以对抑郁质的孩子来说最重要的就是要走出自己的小世界，学会与别人沟通和交流。

有些家长认为抑郁质孩子不打架，不闹事，虽然现在不爱说话，长大之后一定会在社会的要求下改掉这种适应性差的缺点。但是如果想让孩子接受社会经验和规范，将来能够更好地适应社会，父母应该从小就培养孩子这方面的能力，而不是等孩子长大之后自己去承担痛苦，而且性格和习惯养成之后是很难改变的。

即使抑郁质孩子有很高的智商，如果没有很好地发展和锻炼出适应社会的能力，他们就会在未来的社会生活中感到难以处理人与人之间的关系，也很难和别人建立起真诚的友谊。孩子适应社会的能力在很大程度上不是父母教的，而是在与同龄的小伙伴玩耍、游戏以及交往中体验到的，所以父母要引导抑郁质孩子走进小伙伴的世界中，让他在同龄人的世界中发展出健康的心理，并且纠正自己的缺陷，让自己的性格更加完美。

那么，让孩子走出自己的世界，去了解其他小伙伴的生活要从哪里开始呢？没有一个孩子不喜欢游戏，父母可以鼓励孩子参与到小伙伴的游戏中，增加交往的机会。比如当孩子们玩"过家家"的时候，可以鼓励孩子去尝试不同的角色，可以尝试扮演"爸爸""妈妈"，也可以是老师、医生等与别人交流比较多的角色。不过抑郁质的孩子刚开始的时候可能会游离在游戏之外，他可能也参与了游戏，但是他会为自己选择一个比较游离的角色，比如与别人沟通不多的"小警察"。当父母发现孩子的这种倾向时，其实不妨仔细询问孩子想要扮演的角色，然后帮助孩子开口寻求这样的角色。只要玩得开心，其他的孩子是不会在意的，不过这对抑郁质孩子却有着重大的意义。另外还可以请幼儿园的老师多关注自己的孩子，请他在孩子积极参与了集体活动的时候给予表扬，让孩子树立信心，不致在其他小朋友面前感到羞怯和自卑。

父母还要学会倾听孩子的心里话。抑郁质孩子话不多，高兴或者不高兴都不会挂在脸上。所以这也要求父母要多关注自己的孩子，注意引导孩子说出自己的想法。当幼儿园的老师对父母说孩子在幼儿园不喜欢学习的时候，父母一定不能冲动地质问孩子到底是怎么回事，一定要仔细询问孩子出现这种情况的原因。抑郁质的孩子很少撒谎，所以当孩子说出了自己的原因，要相信他们，随后把解决问题的方法轻轻告诉他们。在整个过程中，父母一定要注意的自己的语气，不要轻易责备抑郁质的孩子，因为在你责备他之前，他已在心里暗暗责备自己无数次了。而且不能当着别人的面询问，而是要私下里询问，私下里解决问题，否则会让孩子感到很受伤。

抑郁质的孩子有完美主义的倾向，总是会给自己很大的压力，有时候即使自己已经非常努力了，但是还是可能会与其他的孩子有一定的差距，所以父母要学会用平常心来看待孩子，适当降低自己对孩子的期望，因为当他们已经力求完美的时候，家长还要把过高的标准强加给孩子，这就很容易让孩子产生自卑感。

父母还要多肯定孩子的优点，增强他们的信心。当孩子把自己与其他人进行比较的时候，父母要引导他看到自己的进步，让他学会自己与自己进行比较。这样他就会逐渐觉得自己其实是很能干的，自信心也就随之增强了。

当抑郁质孩子学会用平常心看待周围的世界，并且拥有自信的时候，让他走出自己的小世界就不再是一件非常困难的事情了。

摆脱固执的惯性，让黏液质孩子学会变通

黏液质孩子最大的特点就是"稳"，父母要在充分发挥孩子"稳"的长处的同时注意让孩子学会变通。黏液质的孩子往往喜欢上什么东西之后就不会再去关注别的东西，习惯了某一种解决问题的方式之后就会固执地用同样的办法去解决一切问题，所以他们常常会陷入"思维定势"的困扰中。

"思维定势"是指先前的活动造成的一种对类似或者相同活

动的特殊的心理准备状态，或解决问题的倾向性。思维定势在解决问题的时候具有重要的意义，思维定势可以帮助人们根据当前面临的问题联想起已经解决的类似的问题，然后帮助我们迅速地运用旧知识解决新问题。它是一种按照常规处理问题的思维方式，可以省去很多摸索、试探的步骤，缩短思考时间，提高解决问题的速度和效率。

不过思维定势既有积极的一面，也有消极的一面，它会让我们的思维产生惰性，养成一种机械、千篇一律地解决问题的习惯，会使人墨守成规，难以涌出新思维，做出新决策，是束缚创造性思维的枷锁。

而黏液质的孩子最厌恶改变，他们希望能够找到一种方法解决所有问题，这是一种惰性，很不利于孩子在这个日新月异的社会中生存，所以父母要帮助孩子克服思维定势，让他们能够从各个角度去思考问题，找到更多的解决问题的方式，从而选出最优方案。

为了帮助孩子学会变通，父母要培养孩子多方面的兴趣，因为他们一旦喜欢上一样东西，对其他的东西就会视而不见，所以父母要经常带着孩子去尝试新鲜事物，培养他们更多的兴趣爱好。

兴趣和好奇心是孩子思维的突破口，他们对事物越是好奇，他的思维运动就越强烈。但是现在的孩子生活面很窄，见识也很少，所以很难对事物产生好奇心，而且由于传统的思维定势的影响，孩子思维的灵活性也受到了很大的限制。所以父母应该多带孩子走出家门，走进社会，走进大自然，让孩子了解社会，接触各种各样的人，开阔眼界，增加知识积累，扩大思维范围。当孩子知识面拓宽之后，他思考的问题以及方向就会变得更加灵活，就不会被旧的思维限制。

当孩子的思维更加活跃的时候，父母一定要注意保护孩子的这种好奇心。当孩子把一个又一个"为什么"抛向你的时候，父母千万不要回避，而是要保护孩子这种打破砂锅问到底的精神，对于孩子提出的问题要表现出兴趣，如果自己不了解答案，就要和孩子一起去寻找答案。

黏液质孩子的想象力通常具有局限性，父母同样可以利用大自然，和孩子一起去观察花草树木，鸟兽虫鱼。当他们提出问题的时候，可以让他们自己先给一个回答，不要管这个回答是不是科学，让孩子充分发挥想象力去解释各种现象，即使孩子的解释是荒诞的，也要对此孩子的回答进行鼓励，然后再跟孩子一起寻找正确的答案。另外孩子的世界应该是充满童话色彩的，已经有研究表明，从小接触很多童话故事的孩子想象力明显比接触童话很少的孩子更丰富。

另外，父母还可以试着让孩子进行"头脑风暴"，比如让孩子迅速答出家里的杯子都能有什么用途，只要是正确的答案就要给予肯定，即使孩子说出"可以砸人"的答案也不要怒不可遏，而是应该先肯定孩子的思维，再纠正孩子的道德观念。

面对闷闷的黏液质孩子，父母有时候可以故意引起一些争论，让孩子充分表达自己的想法；如果有孩子可以参与决定的家庭问题，一定要让孩子充分阐述他的理由。

最后，创新和变通只能产生在自由、宽松的环境中，所以父母不要给孩子过多的限制，应该给他们足够的空间去进行天马行空的想象。

让多血质孩子学会按计划踏踏实实做事

拥有多血质气质的孩子反应迅速，喜欢与人交往，但是注意力很容易分散，兴趣广泛但是变化快，做事没有耐性不踏实。有研究表明，即使孩子的智力水平很高，但是如果缺乏意志力、爱虚荣、怕吃苦，他们长大之后也会变成平庸的人。而对于多血质气质的孩子来说，这些特质恰好是他们最突出的缺点。所以要打开多血质孩子的性格枷锁，家长一定要培养孩子的专注力，让他们在吸收新信息的同时学会自我控制，能够锲而不舍地完成任务，加强他们的责任感和纪律性。只有这样，多血质的孩子才能扬长避短。

生活中，很多多血质的孩子做事都是只有三分钟热度，常常是只有开头却没有结尾，在完成任务的过程中也常常"三天打鱼两天晒网"，所以他们所做的事情大多最后是以没有结果告终。一个人要想成功必须具有能够坚持不懈地做好每一件事情的品质，如果心态浮躁，碰到一点困难就打退堂鼓，最终一定会前功尽弃。"功亏一篑""行百里者半九十"这些话都告诉我们关键时刻不能松懈，做事一定要脚踏实地，只有为了一个目标不断付出，最终才能得到成功的果实。

那么怎样才能帮助一个多血质的孩子学会坚持和脚踏实地呢？对待粗枝大叶的多血质孩子来说，最好的办法是让他们学会计划，也就是让他们对自己要做的事情做出具体的时间规定，然后按照这个规定有准备、有措施、有步骤地向前推进。学会按计划做事，不仅是一种良好的生活和学习习惯，而且也能反映一个人做事的态度，是一个人能否取得成就的重要因素。

要想让孩子学会计划，父母首先要培养孩子的时间观念。没有时间观念，孩子做事就会总是拖拖拉拉，根本不会有计划性可言。

父母在日常的生活中，要有意识地培养孩子的时间观念。要让孩子明白什么时间应该做什么事情，什么时间不应该做什么事情，让他养成作息规律的好习惯。

时间观念的培养越早越好。在孩子小的时候，父母可以制定一个时间表，科学地安排孩子的作息时间。要注意的是，一定要尊重孩子的意见，和孩子商量之后再做出最后的时间表。家长可以在时间表上写下孩子每天需要完成的事情，然后让孩子自己选择在哪个时间段去完成它。每当孩子完成一件事情后，让孩子在完成事情的后面标注一下。如果任务完成出色，可以给孩子一个表扬或者是一个小小的奖励。

当孩子稍大一些的时候，比如上小学后或者幼儿园的时候，要让他们学会独立收拾自己的东西，大多数有计划性的孩子，都会知道事先把自己的东西收拾好。家长要做的就是注意孩子生活中的细节，从小事抓起，有意识地帮助孩子养成良好的时间观念。如果孩子忘了收拾自己的东西或者没有安排好自己的生活，父母不必急着出面帮孩子搞定一切问题，可以让孩子吃几次苦头，当孩子体验到自己行为可能产生的后果时，他也就体会到做计划的重要性了，最终他就会改变自己做事没有计划的坏习惯。

培养孩子的计划性，一定要教孩子学会分清主次。可以把孩子一天内要完成的事件列出来，让孩子按照事情的轻重缓急排序，然后监督孩子是否能够按照自己的排序完成任务。

当孩子学会计划之后,父母要引导孩子踏踏实实地去完成计划,可以试着把大目标拆分成小目标,让孩子一个个地去攻破这些"障碍"。当孩子学会拆分目标并且分别实现的时候,他实际上就已经在不知不觉中养成了踏踏实实做事的好习惯。

此外,"言传永远比不过身教",所以要培养孩子的计划性,父母要从自己做起,严格遵守时间,做事踏踏实实,讲究效率,这样孩子自然会模仿大人。

另外父母在教育孩子的时候,一定要坚持原则。如果与孩子发生矛盾,要多和孩子讲道理。只要父母耐心帮助孩子培养按计划认真做事的好习惯,改掉做事虎头蛇尾的坏毛病,多血质孩子就能充分发挥自己的长处,拥有一个光明的未来!

按天性生长,更容易长成大树

许多年来,心理学家都在探讨一个问题:性格究竟是天生的,还是在成长过程中形成的呢?实际上,性格是天生具备的特点,但是会受到环境的影响。这种从小保留下来的性格是天生性格,而成长过程中因为受到周围环境影响形成的性格是后天性格。

既然性格是人固有的特征,那么最大限度地发挥性格优点就是自我实现的过程。著名心理学家卡尔·古斯塔夫·荣格在《心理类型学》一书中提出:"植物要开花结果,首先需要的是适合自己的土壤。"就像不同的花朵需要在不同的生长条件下才能开出绚丽的花朵一样,不同性格的孩子也需要在不同的环境去培养才能实现自己最大的价值。只有把"本性的根"种植在"适合的土壤"中,这根最终才能成长为"茁壮的树"。

帅帅是一个活泼的男孩子,总是精力充沛,但是她妈妈却总是希望他能安安静静地坐在书房里看书,所以经常把他放在书房里不让出门。这样过了一段时间之后,不仅帅帅的学习成绩没有得到提高,整个人也变得萎靡不振,天天无精打采的。

了解自己的性格是认识真正自我的过程,了解自己的性格就像是在思考自己是属于什么样的"树",也可以说是了解自己到底是什么样的人的过程。每个人都想实现自我的机制,但是想要成为人生的主人,就必须要了解自己天生的性格。不过性格的培养不是随意进行的,而是需要根据天生的性格进行培养,与其说这是一个培养的过程,不如说是一个让天生的性格更加健全的过程。而为这一过程奠定基础的就是父母提供的成长环境,父母对孩子的任何期望都应该建立在了解孩子的天性的基础上,只有这样孩子才能更好地了解自己,接纳他人,并使自己的努力更加有效率。让孩子按照天性去成长,孩子会更容易成材。

有这样一个家庭,在外人看来孩子非常优秀,这个孩子从来没有上过任何的课外辅导班就考上了重点中学,按理说应该是家里的骄傲。但是不知道为什么,这家的爸爸和儿子总是冲突不断,有时候爸爸气急了甚至会动手打儿子,而最近两人的矛盾达到了顶峰,儿子再也不肯跟爸爸说话了。

后来妈妈拖着这对父子来到一位心理医生面前进行心理治疗。心理医生为父子俩分别进行了测试,结果发现爸爸是性格豁达开放,很善于解决现实问题并且手段高明的性格类型;儿子则属于内向型的性格，直觉出众，但是不爱说话，虽然解决现实问题的手段比较弱，但是思维敏捷严密，这种孩子最擅长抓住事物的本质和规律。

父子俩闹矛盾的根源是爸爸希望儿子像自己一样成为一个现实、务实的人。但是他没有注意到儿子的性格，这种性格的孩子绝对不能出手打他，因为家庭对他逼迫越厉害，他就会反抗越厉害，这样父子之间的感情也就越来越远了。

世界上没有不爱孩子的父母，但是如果父母不考虑孩子的真正需要，一意孤行地采取单方面的行为，最终会毁掉孩子。只有父母首先认可了孩子天生的性格，并且按照孩子的性格来设计未来，这样孩子才会感觉到幸福，才会更容易成材。

让领袖型孩子雷厉风行又不目中无人

领袖型孩子喜欢那种高度投入、充满能量的活动状态，他们做事几乎都是依循自己的冲动进行的，而很少去考虑自己的动机。正是因为如此，相对其他类型的孩子来说，领袖型孩子是不受约束的，他们能够迅速地把大量精力投入到自己安排的活动中，一旦欲望出现就会很快付诸行动。这种雷厉风行的做事风格，能够让健康状态下的领袖型孩子在第一时间抓住最好的发展机会，以最好的状态展现个人能力，并且在行动过程中进一步提升自己的综合实力和个人影响力。

但是因为他们过度追求权力，并且受到强烈的控制欲的影响，他们有时候会表现得目中无人。其实领袖型孩子通常能够找到切实可行的方法来减轻别人的麻烦或者心理压力，如果能够克服人际交往中的障碍，他们具有可以让自己和周围的人生活得更加幸福的潜能，而且极有可能在长大之后在自己的活动领域中做出一番成就。

为了改善领袖型孩子的人际关系，父母应该帮助领袖型的孩子更好地适应生活。首先要教会孩子基本的社交礼节，让他学会使用"谢谢""对不起"等礼貌用语。领袖型的孩子总是不拘小节，而且他们总是觉得自己有义务去指导、纠正他人，所以他们很少会对别人说"对不起""谢谢"之类的话。这时候父母要有意识地通过言传身教，让他们懂得在社会交往中礼节的重要性，尤其是要懂得怎样对别人表示感谢。

领袖型孩子常常会因为心直口快得罪别人，所以父母应该将训练孩子说话技巧作为改变孩子的重点工作来做。当孩子说出不合时宜的话时，父母要告诉他这么说话会让别人感觉不舒服或者是难堪，但是必须要肯定孩子的初衷，随后再告诉孩子同样的意思换另外一种方式表达出来就会更容易被别人接受。如果父母能够长期这样做的话，就可以让孩子在不知不觉中接受你的建议，改变自己的行为方式。

很多集体中的"小领导""小干部"都有过这种困惑："为什么我做的一切都是为了同学好，但他们却都离我远远的"，其实这都是因为他们自视甚高。因此，领袖型孩子的家长就要有意识地引导孩子放低姿态，让他们懂得亲和力的价值。在领袖型孩子的眼里，帮助他人就是对弱者的施舍。所以在面对请求他们帮助的人的时候难免会表现出一种高高在上的感觉。为了能够让他们理解亲和力的价值，父母要仔细观察他们的言谈举止，在他们亲切友好的时候，要及时提出表扬，时间长了，爱的种子就会在他们的心里生根发芽，当他们带着爱心来理解和帮助别人的时候，自己也会找到心灵的平静，脾气也不会那么暴躁了。

领袖型孩子倾向于高估自己的力量，觉得自己很重要，并希望借此来使别人对自己心生畏惧，迫使别人服从。当他们所希望的与现实情况不一致时，就很容易大发雷霆，因此训练这类孩子控制情绪的能力也是很重要的。例如可以让他们在每次将要发脾气时先冷静三分钟思考一下有没有必要、值得不值得发脾气等，引导他们正确面对问题并且正确认识自己的能力，还可以教他们一些客观评价自己的方法，防止他们陷入极端的情绪中。同时要让孩子知道，如果一定要和别人较量，一定要先看清形势，有时候用妥协和对话的方式也可以解决问题，而不一定要大吵大闹甚至是大打出手。

多听听和平型孩子的心声

丹丹是科学兴趣小组的成员。每次小组成员跟老师一起讨论实验步骤的时候，丹丹总是不说话，等到其他人都说完之后，她才在老师的催促下慢悠悠地说出自己的想法。有时候，当她说完自己的想法，有同学提出异议，她就会马上说："是啊，我也觉得我的想法有问题，你说得对！"

丹丹是一个典型的和平型孩子，这种孩子总是给人一种毫无主见、容易妥协的印象。如果让他和其他人一起发表意见，他一定是最后一个说话的，而且通常是对别人的肯定。如果他偶然提出了不同的意见，也总是底气不足，只要有人稍有疑问，他就会马上妥协。

其实这是和平型孩子一贯的思维模式决定的。他们习惯于凡事都站在他人的立场去思考，以至于忘了自己的观点。因为只有当他和别人表示一致时，才会觉得自己所做的行为是符合维持外界和平宁静的需要的。出于这种行为思考模式和价值观，和平型孩子很小的时候就有从不同角度理解不同人的心理的能力，他能够理解不同立场的出发点，因此他的随声附和可以说是建立在理解的基础之上。此外，这些孩子很害怕发生冲突，当周围的人出现对立的情况时，他们会感到左右为难，甚至会害怕因此破坏自己平静的内心，因此他们总是迫不及待地想要通过自己的妥协来避免冲突，保持周围环境和自己内心的平静。

如果爸爸妈妈就和平型孩子应不应先写作业的问题进行讨论，双方各执一词，互不相让。爸爸说可以先玩一会儿再写作业，妈妈则坚持说小孩子必须要有良好的习惯并且要建立规律的作息时间。这个时候如果爸爸先和孩子说"你没有必要一定要先写作业，先休息一会儿也可以"，那么这类孩子会说"我也觉得是"；如果紧接着妈妈又对他说"小孩一定要养成先写作业的好习惯"，那么孩子就极有可能又掉过头来附和妈妈："老师也说应该先写作业。"不仅在家如此，和平型孩子在外也会经常附和别人的意见，哪怕这些意见原本就是相互矛盾的。看到孩子这种情况，很多家长都为孩子没有主见而发愁，担心这样的孩子以后在复杂的社会上无法立足。

那么父母可以做些什么来帮助和平型的孩子更好地适应社会呢？

1. 让孩子表达自己的意见，让他们学会说"不"

和平型孩子虽然外表看起来很容易得到满足，但是内心总是觉得别人对自己漠不关心，所以很少表达真实的意愿，父母应该教会孩子堂堂正正地表达自己的意见和要求。从发展心理学上来看，人类所学的第一个抽象概念就是用"摇头"来表示"不"，这个动作是自我概念的起步，它不仅代表着拒绝，也代表着选择，而每个孩子都是在通过选择来形成自我、界定自我的。所以和平型孩子的家长有必要教会孩子如何拒绝他人，如何对别人说"不"，家长不妨为孩子做一个生动的亲身示范，教会他们用得体的方式拒绝他人。

2. 让孩子学会选择，并为自己的选择负责

从日常生活中的小事开始，让孩子学会自己选择和决定，比如今天要穿什么鞋子去上学，在商店想买哪个布娃娃。孩子开始的时候可能不知道怎么选择，但是为了孩子的未来，父母要有耐心，直到他们学会选择为止。此外父母也不要过于保护孩子或者替孩子承担责任，如果孩子受到了朋友的影响做了错事，要询问孩子遇到的状况，随后鼓励他们为自己的行为负责。

总之，作为和平型孩子的家长，应该有意识地去问孩子："宝贝，你是怎么想的？"并且要直接地告诉孩子，爸爸妈妈需要他的意见，此时孩子就会把表达自己的意见当作维持内心和环境和谐的需要，也就自然而然地能表露心声了。此外，当他说出自己的想法时要及时给予肯定。对于和平型孩子来说，得到家长的肯定是最有力的鼓励和最高层次的赞誉。

教完美型孩子玩就要玩得酣畅淋漓

在上小学之前的成长过程中，孩子如果与父亲的关系不是很好，孩子很可能会成长为完美型的孩子。

在亚洲的传统家庭中，父亲常常扮演着一个不苟言笑的严肃角色，很少直接向孩子表达爱意。所以东方家庭中的孩子总是有些害怕父亲。这样的家庭中生长的孩子会认为，在父亲面前是不能追逐打闹，调皮放肆的，应该行为端正，如果让父亲失望，后果是很严重的，轻则训斥一番，重的就免不了一场皮肉之苦了。

另外，即使父亲很温柔慈爱，但是由于种种原因不能总是和孩子生活在一起的话，也会让孩子成长为完美型的小孩。这是因为在这些孩子眼里，父亲与一位客人并没有什么两样，他们不会对父亲产生依赖的感觉，也不会对父亲撒娇或者索要一个亲密的拥抱。父子之间的关系产生了距离，这就会让孩子在父亲面前总是紧张，事事小心，希望做到尽善尽美。

为了让孩子学会放松，不要总是被规则捆住手脚，父母应该打造一个有利于完美型孩子成长的生活环境。

首先可以在家里为孩子打造一个能够随心所欲表现自己的私人空间。完美型孩子能把任何事物都整理得有条不紊，他们喜欢事物井井有条，即使是房间有些乱，他们也能清楚地记得什么东西放在什么位置，不喜欢别人进入自己的领地，也不喜欢别人乱碰自己的东西。家长应该尊重孩子的这个性格，并且要专门为他们准备一个抽屉让他们随意摆放自己的东西，即使抽屉再乱，也不要批评他。

另外还要在家里营造一种轻松的气氛。完美型孩子总是处于谨慎或者紧张的状态，所以家长不要用过多的规矩去束缚他，因为他已经为自己设定了很多规矩而且绝不会违反，如果家长再强化规矩这一方面，孩子就更容易陷入过度追求完美的境地。家长们吃饭的时候可以试着先说一些轻松的话题，让孩子慢慢打开话匣子，和孩子愉快地聊聊天，制造一家人的开心时刻。另外，完美型孩子经常排斥幽默和玩笑。其实父母应该引导他学会用幽默和玩笑来提高自己的交际能力，可以向他们推荐一些合适的幽默童话或者漫话等，让他们放松身心。也可以一家人定期举办"讲笑话大赛"或者"扮鬼脸大赛"，让一家人在一起开怀大笑。如果父母能够放下平日里的威严面孔，跟孩子一起追逐嬉闹，孩子也会感到轻松。

那么如何在活动中改善完美型孩子的性格特征呢？这样的孩子适合什么样的活动呢？

完美型的孩子因为本身思维方式的限制，即使在做游戏的时候也希望自己表现得最好，所以常常被规则束缚，不能尽情地玩耍。其实当孩子因为在游戏中表现不好而自责的时候，家长可以这样对他说："宝宝是不是特别开心啊？爸爸妈妈看到你刚才笑得好灿烂啊！"也就是引导他不要专注于游戏中的条条框框，而是让他感受自己心情的放松。时间长了他们就会明白，生活不都是快节奏的，也有闲适的一面。可以多让孩子参加一些放松身心的活动，比如捏泥巴、涂指甲等，也可以是跳舞、散步等，只要能引导孩子享受生活，游戏的形式并不重要。

所以，为了让孩子摆脱凡事都追求完美、陷于规则中不能自拔的状况，父母要经常告诉孩子："你是个好孩子。玩就要玩得酣畅淋漓，让自己快乐最重要！这样开开心心的你最可爱了！"

完美型的孩子如果能在健康的环境中成长，那么他们将来就会成为聪明稳重、富有人情味、有强烈责任感的领导者。

让助人型孩子认识到自身的价值

助人型孩子的后天性格是怎么形成的呢？研究表明，在6周岁之前，如果爸爸很爱孩子但是爱的方式不正确的话，很容易让孩子成长为助人型性格。孩子虽然理解爸爸的爱，但是因为爸爸爱的方式不对，所以孩子不能轻易接受爸爸的爱，对爸爸的感情有爱有恨，十分复杂，对于这种复杂的感情自己的内心还有一种负罪感。

由于这种负罪感，他们总是想补偿父亲，同时又想得到父亲的爱，所以就会对爸爸的需求特别敏感，时间长了，他们就变得特别善于发现别人的需要，并形成热心帮助别人的性格。

每个助人型孩子的身上仿佛都装有一个敏锐的雷达装置，随时侦测目标人物的需求。他们最大的成就感就来源于满足他人的需要并得到他们所期望的回报和反馈，而最怕的就是被别人拒绝，因为这不但会伤害他们的"面子"，还会折损掉他们的"私心"，也就是通过帮别人以获取爱的目的。

虽然助人型孩子乐善好施，但是也存在强迫别人接受他们好意的模式或标准，这也会让他们通常变得自我中心，失去理性。值得家长注意的是，孩子最大的问题就是常以他人的需要为首，而忘了自己真正的需要，并且他们很怕向别人说出自己的需要，因为他们会认为那样的自己是无能的，而且会削弱自己在他人心中的地位。

那么，父母如何帮助助人型孩子解开人格中存在的枷锁呢？

首先，助人型孩子的家长扮演的应该是安抚者的角色，不要对孩子过分严厉。比起其他的孩子，父母应该对助人型孩子倾注和表达更多的情感，同时还要安抚孩子时时刻刻都想要通过付出来获得爱的焦躁不安的情绪，抚平他们由于没能得到回报时所产生的失落、难过的心情，并及时拔除他们因为心理失衡而产生的嫉妒的毒瘤。

助人型孩子对爱的渴望极其强烈，他们所做的一切都是为了获得爱。因此家长的肯定是激励他们的良药。如果你有一个助人型孩子，那么就千万不要吝啬你的爱意，只要告诉他你爱他，不管他做什么或是有什么缺点，你还是一样的爱他。告诉孩子："你的存在就是上天给我的最好礼物，而不是因为你做了什么事情我才会喜欢你"，你要让孩子真切地感到你对他的爱是无条件的。只有源源不断的肯定，才能鼓舞助人型孩子勇敢地面对真实的自己，说出自己的需求和想法。

此外，助人型孩子最在乎的就是自己能否给他人留下一个好印象，所以当着别人的面批评他，甚至只是稍微严苛的教导，对他们来说都是一种可以摧毁心灵的打击。身为家长，绝对不要在人前批评助人型的孩子，更不要当着孩子的面把他和别的孩子做比较。要记住，对助人型孩子的一切教导都要放在"幕后"进行，也只有这样的"幕后"教导，才会收到良好的成效。

助人型孩子总是担心别人受到伤害，所以很少表达自己的真实想法。长此以往，他们会渐渐忘掉自己的需求。父母应该常常询问他们是否有喜欢的东西，让他们养成不盲从、勇于表达想法的习惯。当助人型孩子直言不讳地说出一句话或是出现了"一反常态"的直言行为，家长一定要及时给予鼓励，因为他们能出现这样的行为必然是克服了内心"想要做好人"的强大压力的。家长及时的鼓励对他们而言非常重要,这种肯定有利于培养助人型孩子正直诚实的性格,防止他们走进阿谀奉承的误区。

让成就型孩子正确理解成功的含义

有个成就型的女孩非常崇拜她的爸爸,因为她爸爸在工作中取得了很多奖项,这些大大小小的奖状奖杯都摆在家里显眼的位置上。每当她看见这些奖状奖杯时,她都会在心里对自己说:我一定要努力做好每一件事,争取像爸爸一样有成就,这样爸爸就会更爱我了!

成就型孩子的内心深处早已把他人给予的爱与自己的表现画上了等号。父母的肯定是他们认识自己的途径。成就型孩子在心里对给予自己关心照顾和肯定的家长是极其认同的,他们常常会主动找出这位家长对自己的期待,然后尽力达成它,以此来获得更多的肯定和关爱。

成就型孩子在小的时候,由于非常渴望家人的赞许或认可,他们会将家人的喜好与期待内化为自己的行为标准和目标。他们希望看到家人为自己的优异表现出骄傲和自豪,这是他们追求成就的最大动力,甚至不在乎为此放弃自己真正的喜好和追求。

所以,成就型孩子在很小的时候,就已经学会把自己的价值观建立在了优异的表现上。他们认为,只有靠自己不断努力,做出令人满意的事情,才有可能获得家人的爱。换言之,他们觉得家人之所以爱自己,不是因为自己是这个家庭中的一分子,是爸爸妈妈的孩子,而是因为自己有优异的表现和卓越的成就。

为了修正成就型孩子的这种错误观念,父母应当经常这样对他们说:"做最真实的自己,即使你不是最出色,也很可爱,因为我们爱的是你,不是你的成绩。"父母要告诉自己的孩子,即使他们没有得到赞赏,没有拿到第一,父母对他的爱也不会因此而减少一分。父母要随时向孩子传递这样一种信息:"我为你自豪,即使你做得不好,我还是以你为骄傲,因为你是我们独一无二的宝贝。"

在培育成就型孩子的过程中,家长要注意一定不要拿他和别人做比较。成就型孩子最怕的就是被别人认为没价值,而任何把他与别人进行比较的行为都可能会使其受挫,所以成就型孩子的家长最好不要拿他们与别人做任何比较,更不能拿别人的优点对比他们的缺点,这会让他们感到十分沮丧,甚至可能会出现极端的想法和倾向,做出既不利己也不利人的事情。

由于成就型孩子太在乎能否做好家人眼中优秀的自己,所以当自己的真实感受与家人的要求产生矛盾时,他们会调整自己来配合家人,并且家人的性格越不好,他们就会越小心翼翼,抛弃自我的程度也就越深。

另外,要注意的是,即使自己的孩子的确非常优秀,也不要在别人面前夸耀孩子的成绩。如果孩子总是得到称赞,就会渐渐地把别人的关注看得越来越重,那种不正常的追求成就的心理就会得到强化。而一旦某一次自己没有做到最好,他的内心就会产生失落的感受。成就型孩子本身就很刻苦努力,重视自己的成绩。在这样的情况下,如果父母还是十分重视成绩,那么就会给孩子造成不必要的心理压力。在孩子已经非常重视成绩的情况下,父母不要再给孩子加压,而是应该试着淡化成绩在孩子眼中的重要性。

同时成就型孩子喜欢为自己设定目标,而这些目标往往超出他们自己的能力范围，一旦没有办法实现，他们就会把责任推到他人身上或者找其他借口，还会产生强烈的挫败感，这很容易诱发他们愤恨的仇视心态。所以，家长要尊重孩子的能力，不要做太多的干预，对他们的期待要适度，同时还要注意帮助他们把目标调整到合理的范围内，让这个目标可以通过努力去实现。

让浪漫型孩子好好享受每一天

有个女孩在她小的时候，爸爸非常宠爱她，总是背着或抱着她到处去玩，给她洗澡，晚上给她讲好听的故事，搂着她轻轻哼着儿歌拍着她直到她甜甜睡去。后来她慢慢长大了，爸爸自然也就不会再像她小时候那样和她有过多的身体接触了，她为此觉得自己被爸爸遗弃了，无论爸爸如何逗她哄她，她还是整天郁郁寡欢。

如果换作是一个其他类型的孩子，这样的事情他可以自然而然地接受，并且也不会产生难过失落的感觉，但浪漫型孩子就会把这样微不足道的细节无限地放大，最终产生一种被抛弃的感觉，进而陷入一种忧郁的状态中。

如果孩子在父母消极甚至不正确的教养方式下长大，就容易感到孤独。在浪漫型孩子的眼里，自己与父母的关系是若即若离的。他们总感觉自己处于家庭的边缘，觉得自己跟谁都不像，因此就容易产生一种被抛弃的恐慌。同时他们自认为与父母的感情不深，最主要的原因是他们感觉父母看不见自己的特质，并且他们往往也无法在父母身上找到自己想要认同的特质，因此很多的浪漫型孩子产生过自己是被父母领养或者被抱错的孩子的想法。

当浪漫型孩子还很小的时候，他们就对自己的一些小缺点和自己所缺乏的东西特别敏感，总是觉得正是因为这些他才不被父母所爱。这里要澄清的是，有一些浪漫型孩子在成长过程中可能确实是孤单的，如父母离异或父母关系不好等，但并不是所有的浪漫型孩子都真正经历过被遗弃和没人理会的事。一些成长在正常家庭的孩子，照样可能成长为浪漫型孩子。假如这个孩子有一次因为生病，所以妈妈精心照顾了他好几天。当他病好之后，妈妈自然就相对少了一点关心和照料。这其实是很正常的一件事，但是浪漫型孩子就会极端地认为妈妈不理会自己、不再爱自己了，于是被遗弃的感觉又产生了。所以，并不是所有的浪漫型孩子一定都有个缺少爱的童年，只是他们在心里会把被遗弃的感受无限扩大。

如果想要浪漫型孩子健康快乐地成长，父母就要在孩子面前多多扮演朋友和知己的角色，多与孩子进行交流，尤其要注重心灵上的沟通和关怀，让孩子感到你是理解他、能真正了解他的感受的。

浪漫型孩子有这样一种特质，就是一旦发现有人能感受他的情绪和想法的时候，他们就会产生一种心有灵犀的感觉，并且很容易与之亲近，这会令他忘记失落的感受，变得开朗起来。

浪漫型孩子的家长最好将自己的关爱源源不断地传递出来，这可以有效减缓孩子被遗弃的感觉。父母要注意的是，浪漫型的孩子天生有一种忧郁的气质，所以不要指责孩子总是有不好的情绪，也不要因此担心自己不能给孩子所期待的安全感。只有重视起日常生活中的交流沟通和情感交融，当孩子说出他的想法时，不要过多地指责，或是过于强调自己的感受，只要他能够在父母那里获得存在感，自然就会觉得安全了。

虽然很多家长都或多或少地做过敷衍孩子的事情，但是对于浪漫型的孩子千万不要这样做。因为其他的孩子可能察觉不到你的敷衍，但是天生敏感的浪漫型孩子很容易察觉他人的真实情绪，父母的敷衍之词对他们而言就是不爱自己的意思，这会让他们特别难受，并唤起他们内心不幸的体验。

不过，浪漫型孩子也有优点，他们在健康的状况下，通常会成长为有创意、内心平和的人，所以父母应该鼓励孩子："你是个美丽、可爱的孩子。不要紧张，好好享受你现在拥有的每一天吧！"经常提醒孩子享受当前的开心状态有助于孩子忘记那些内心的忧郁，能够让他们变得乐观起来。

给思考型孩子思考的空间，并鼓励及时行动

宁宁是一个典型的思考型男孩。他很小的时候就不会向任何人过多地解释什么，哪怕是自己受了委屈，他也不愿意去解释，他总是觉得这种解释是无谓且浪费时间的。他心里总是认为人们要明白的早晚会明白，不明白的再怎么解释都不会明白，不如省下时间去做自己的事。宁宁在学校里也是常常独来独往，不愿意参与集体活动，大部分时间都是一个人研究他感兴趣的东西，很多同学都在背地里叫他"小老头"。

思考型孩子总是以观察者的姿态与群体保持一定距离，自己却经常产生被孤立的感觉和疏离感。他们外表看起来很淡定，但是内心往往隐藏着恐惧，总是处于防备状态。因为思考型孩子的这种特点，所以很多思考型孩子的家长都曾经担心过孩子是不是

患上了某种社交障碍，但实际上绝大多数的思考型孩子虽然在外人面前很害羞，但是在自己的世界里还是很快乐的，他们会对诸如阅读、演奏乐器、做小型生物实验等心智活动或可以发挥想象力的事物特别感兴趣，能自己一个人玩得废寝忘食，所以他们的心理还是能够健康发展的，家长大可不必为此过于担忧。

思考型孩子对自己的独立空间非常重视，甚至希望父母也不要入侵自己的小世界，他的心目中与父母家人之间最理想的关系是——互不要求，互不干涉。他们希望父母不要对自己有什么要求，因为他也不会对父母有什么要求，并且这些孩子的确也是这么做的，他们极少向父母要求什么，大部分时间都是一个人静静地做自己的事情。

不过，不要因此以为他们对待父母是一种疏离的态度，他们也常常会思考自己能为家人做些什么。不过当他们经过一番观察后，会觉得自己根本没有给家人帮忙的空间，这时候他们就会产生在家里找不到自己位置的不安全感，于是只能退回到自己的内心世界，不与家人发生过多的关系，然后努力培养一种不常见的技能，期望以后能有机会为家人做些事情，令家人刮目相看。

对待思考型孩子，父母的态度一定要亲切平和，不要表现出过分的亲密，因为他们喜欢与他人保持距离。如果要让孩子做某件事时，一定要采取请求的语气，用生硬的命令语气会引起孩子的反感。再有，当孩子肯表达出他们想法的时候，家长一定要认真地倾听，最好是能就某件他感兴趣的事和他共同研究，这可以让他产生知己般的亲切感，从而慢慢地放下心中的防备。而且，当孩子表达出自己的意见的时候，父母要及时地对孩子说："谢谢你的意见,你的意见对我们来说非常重要,以后你要多说说你的想法。"父母千万不要对孩子说:"你不能提出这样无理的请求。"因为思考型孩子本身就是很少提出要求的,而一旦突破自己的勇气,却得到这样的评价,思考型孩子就会把自己深深地锁在内心的世界里,不肯再出来了。

很多思考型孩子在家里都有过紧张的感觉,他们有时候会把父母的关心变成压力,压得自己透不过气来。因此,一个轻松愉快、自由民主的家庭环境对于思考型孩子的健康成长是必需的。作为思考型孩子的父母,一定要尽力去营造这样的家庭氛围,让孩子有一个自由的空间去放松他的身心,让他能够以轻松愉快的心情去面对新的生活。

让怀疑型孩子保持冷静,学会相信他人

假如你是怀疑型孩子的父母,要让怀疑型孩子去办一件事。刚开始的时候你会很细心地指导他,直到他把这件事出色地完成。等你确定你不给他指导,他也可以轻车熟路地完成这件事的时候,你自然就不会再像开始那样去仔细地指导他,而是会放手让他独立去做。但是怀疑型的孩子内心却不是这样想的,他甚至可能会因此产生恐慌,心中充满被抛弃的悲凉情绪:爸爸妈妈是不是不管我了,他们是不是不在乎我、不爱我了?

怀疑型孩子天生就被一种焦虑和不安全感所笼罩。在他们童年的时候,他们最重视的就是自己的父母,很害怕受到父母的冷落,得不到父母的支持。所以怀疑型孩子强大的洞察力最早就是

从观察父母的态度开始的,而且在察言观色的过程中还养成了犹豫不决的坏毛病。

他们总是会产生一种无助感。但是这并不意味着怀疑型孩子的父母没有给孩子足够的关爱,因为即使是很爱自己孩子的父母,也可能会让孩子在一瞬间产生得不到信任和支持的失落感,孩子的人格类型有一部分是天生的,并不是所有的孩子都因此对父母产生怀疑,但是怀疑型的孩子就会因此觉得自己是被孤立的小孩,并且时时刻刻都充满着焦虑。随着年龄的增长,他们又从焦虑中发展出了怀疑的特质。所以,他们对父母的感情是矛盾的,一方面为了得到认同而想要服从,另一方面又因为未能获得信任而蓄意反抗。面对外界的问题,他们常常"心有余而力不足"。他们害怕被人抛弃,怕没人支援。由于心灵深处的这种恐惧,他们不知道面对一些可以信赖的人的时候究竟是该依赖还是该独立,所以总是给人若即若离的感觉。

怀疑型孩子的想象力过于丰富,而且所想象的内容几乎总是悲观的,这就导致了他们多疑的世界观。他们总是习惯于去想象最糟糕的情况,而很少去考虑最好的情况。他们会不自觉地去寻找环境中对他们有威胁的线索,而把那种对最好情况的想象视为一种天真的幻想。怀疑型孩子很渴望安定,看重安全,他们的内心时刻对预测不到的未来有一份深深的焦虑和恐惧。为了安抚这种不安的情绪,怀疑型孩子发展出了两种不同的行为模式——保守沉默和冲动莽撞。在九种人格特性中,其他的人格都只有一个性格,但是怀疑型孩子有两种,一种是对抗性怀疑型,另一种是逃避性怀疑型。而且一般情况下,怀疑型孩子在人前和人后的表现是不一样的,如在家是逃避型,在外边通常是对抗型;反之亦然。也就是说,几乎所有的怀疑型孩子都存在两种性格，只是所占的比重不同。

对抗性怀疑型的孩子会主动寻找危险，并显出强烈的进攻性，而逃避型的孩子则选择敏感地逃跑，以此来回避这种恐惧。但是他们的心理是相同的，那就是失败带来的恐惧感要比成功的期望大得多。所以他们在计划一件事的时候，总是会想到"出错了怎么办"，并因此迟迟不敢行动。这严重阻碍了他们的行动和发展的脚步。

为了培养他们的行动力，父母可以试试这样的方法。如果家里有件事情需要有人做决定，可以试着问问孩子"你认为该怎么办"，其实大多数的怀疑型孩子都能很有条理地说出他的想法，因为他早就在心里清清楚楚地想好了要怎么做。这时候父母要趁势鼓励他说："你说得很好，就这么做吧，出什么问题都没关系，还有爸爸妈妈呢！"听到这样的话，他就会立刻高高兴兴地动手去做了。

其实为了解开怀疑型孩子的心理枷锁，就一定要保证孩子有个安全的心理环境，父母最应该扮演的角色是他们的保护者和引导者，应该无条件地为孩子提供心灵深处的支持和抚慰，引导他们凡事都要向积极的方面看。当他们产生焦虑不安的情绪时要宽容并表示理解，而且要给予适度的安慰。总之，父母一定要让孩子相信自己是安全的，无论在什么时候，父母都会保护他，不会扔下他一个人。

培养活跃型孩子的专注力和责任感

活跃型孩子从很小的时候就很喜欢挑战和冒险，即使是面对那些会令其他孩子非常恐惧的事情，他们也总是表现出一副满不在乎的样子。有的孩子小时候很害怕虫子之类的小东西，但活跃型孩子会把它们抓在手里研究，并显出"有什么好怕的？它们很好玩啊！"的样子。父母从他们身上根本找不到任何焦虑恐惧的影子，好像就没有什么事是能让活跃型孩子感到这是一件很困难的事情。活跃型孩子给人的感觉一直是轻松、阳光、快乐的。家长们常常会在心里问自己是不是这类孩子天生就不懂得什么是困难，什么是害怕呢？

其实，活跃型的孩子和其他类型的孩子一样，内心深处都潜藏着深深的恐惧，不过他们处理这种恐惧的方式却跟别的孩子不一样，比如怀疑型孩子在面对困难的时候总是时刻充满了忧虑，表现出一副谨小慎微、惴惴不安的样子，而活跃型孩子则采取大而化之、满不在乎的样子，他们习惯用一种寻找快乐的方式来掩盖或者逃避内心的恐惧。如果家长认为活跃型孩子天生胆大不知道什么是困难的话，那真的是误解他了，其实他们在某些时候也是个"胆小鬼"，害怕面对困难，而且他们的行为越夸张的时候，很可能正是他们越觉得害怕的时候。

除了故作轻松地面对恐惧之外，活跃型孩子由于兴趣广泛，他们做事情常常会出现虎头蛇尾的情况，因为一旦在完成这件事情的过程中遇到困难，这种类型的孩子就会觉得这件事没有乐趣，马上就会丧失对它的热情，转而去寻找下一个有趣的事情。所以，活跃型孩子表面上看起来似乎总是不会遇到困难，但实际上是他们一遇到困难就逃跑了，这种承受不了挫折的个性其实对活跃型孩子的发展是很不利的。

那么活跃型孩子的父母要怎样帮助孩子摆脱这种个性呢？首先来了解一些父母在这种类型的孩子眼里是个什么样子的。活跃型孩子认为自己人生最大的挫折就是来自外界的条条框框，而父母是最早给他设置这些规矩和要求的人。在他们眼里，父母虽然能够给自己足够的照料和关爱，但是他们总觉得父母存在一定的问题，感到父母并不是可靠的持续的养育之源。

因此他们在面对父母的时候，常常会产生一种受挫感，他们不认为自己可以依靠父母来获得自己需要的东西。

为了帮助孩子形成面对困难不退缩的性格，父母应该经常跟孩子说："不管在什么情况下，我们都会照顾你的。有了困难和挫折，不要害怕，爸爸妈妈会帮助你渡过难关。"千万不要对孩子说："依赖别人是弱者的表现。"因为这种类型的孩子本来就不喜欢请求别人的帮助，如果父母总是用这种说法强化他的心理，那么他肯定会与父母的关系越来越远。

父母首先要帮助孩子延长专注于某一件事情的时间。当活跃型孩子对一件事情过于投入时，他们心里反而会生出负面情绪，这种专注让他们感到恐慌，所以他们会同时关注多种事物来逃避这种恐慌。所以当父母看到孩子专注于某一件事情的时候，即使有话想对孩子说也要忍住。还可以注意一下孩子喜欢玩的游戏，可以从游戏入手提高他们的专注力。

要培养活跃型孩子的坚持习惯，比较有效的方法是帮助他把大目标分解成一个个小目标。每当孩子完成一个小目标时，就要和他一起庆祝，分享他达成目标后的喜悦，同时鼓励他向下一个目标前进。孩子熟悉这种完成目标的方式之后，要引导他自己去制定每个小目标。当他们把这种做事方式变成习惯，孩子自然而然也就能够做到坚持了。

第5章

一切认知皆有规律

——好妈妈要懂点学习心理学

孩子怎么记不住老师的话

文羽今年开始上幼儿园了,她非常喜欢那里,每次从幼儿园回来都显得无比兴奋。星期一的早晨,妈妈又要送她去幼儿园了。文羽穿着妈妈给她新买的蓬蓬裙,一路上蹦蹦跳跳的,就像一个活泼可爱的小公主。但是当她们走到教室时,妈妈很奇怪,因为她发现文羽所在的班上几乎每个小朋友都穿着运动服,于是妈妈就问文羽说:"小羽,今天要穿运动服吗?你怎么没告诉妈妈这件事情呢?""妈妈,我不知道今天要穿运动服呀!"文羽轻松地回答。妈妈听了心里顿时觉得很担心:"怎么小朋友都知道的事情就小羽不知道呢?莫非小羽在幼儿园不专心听老师说话?"

儿童心理学家研究发现,类似文羽的这种行为,几乎每个孩子都出现过,只是有的孩子出现得明显些,情况严重一点,有的孩子的情况没有那么明显。婴儿一生下来就有注意,但是这种注意是不受孩子大脑控制的,是一种先天的定向反射,是无意注意的最初形态。

婴儿期注意的发展主要表现在注意选择性的发展上。1~3个月的婴儿比较容易受到复杂的、不规则的图形的吸引,更喜欢曲线形状的、集中的或对称的刺激物;对3~6个月的婴儿来说,他们的视觉注意能力会在原有基础上进一步提高,平均注意时间增加,在注意时更偏爱复杂而有意义的对象,看得见的和可操纵的物体更能引起他们特别的兴趣和持久的注意;而6~12

个月的婴儿的注意对象和注意选择性在范围和内容上会更进一步扩展，他们的选择性注意越来越受知识和经验的影响与支配，受当前事物（或人）在其社会认知体系中的地位以及婴儿所知的自己与它们之间的关系的支配或影响。1岁以后，由于语言的出现，婴儿的注意与语言紧密联系起来，成人的语言提示或指导对婴儿的注意能够起到一定的制约和调节作用。

在孩子的幼儿时期，儿童的注意主要以无意注意为主，随着年龄的增长，儿童的有意注意逐渐发展起来。幼儿的有意注意也有一定的发展过程。儿童3、4岁时的有意注意还不是很稳定，还需要成人有计划地向他们提出需要完成的任务的要求，帮助他们提高注意力。当儿童到了5、6岁的时候，他就开始能够独立地组织和控制自己的注意力了，这标志着儿童的有意注意开始形成。但是，在幼儿时期，儿童的有意注意始终具有明显的不稳定性。

另外，除了儿童的有意注意和无意注意的逐渐发展外，儿童注意的稳定性也随着年龄的增长逐步有所发展。科学家的实验研究证明：在良好的教育环境下，3岁幼儿能够集中注意力3～5分钟，4岁幼儿能够集中注意力10分钟左右，5～6岁的幼儿能够集中注意力15分钟左右。此外，由于游戏能引起幼儿极大的兴趣，所以现实生活中，处于游戏中的幼儿的注意时间会比在枯燥的实验室条件下还要长。

能够引起孩子注意的事物的范围也在不断地扩大。幼儿注意范围比较小，但是随年龄的增长，注意范围逐渐扩大。如幼儿园小班的儿童，一般只能注意到具有很鲜明特征的事物外部特点以及一些动作，比如火车或者轮船发出的汽笛声；幼儿园中班的儿童能注意到事物的不明显部位及事物之间的简单关系，比如火车、轮船的去向和忙碌的旅客，以及他们的表情之间存在的关系；大班儿童则开始对火车、轮船为什么能开动，船为什么在水上不会沉等内部状况或原因产生极大的兴趣。

学习语言，从重复和模仿开始

"我的孩子正处于语言敏感期，最近她变得有些奇怪。那天我正在厨房做饭，刚刚学会说话的孩子自己在客厅里玩游戏。忽然，我听见孩子叫我：'妈妈！'于是我赶紧放下手里的活去看她。我问她怎么了，她看了我一眼，没有说话。于是我又回到厨房，没过一会儿，孩子又叫我，我跑出去看发现还是没事。就这样来来回回重复了好多次，我真不知道孩子到底是怎么回事！"

下面是一个正处于敏感期的孩子和妈妈之间的对话：

妈妈："宝宝，我们去花园里吧？"

孩子："宝宝，我们去花园里吧？"

妈妈："你真淘气！"

孩子："你真淘气！"

妈妈："告诉妈妈去不去！"

孩子："告诉妈妈去不去！"

妈妈："我要生气了！"

孩子："我要生气了！"

其实上面出现的两种情况都是孩子学习语言的过程中出现的正常现象。孩子的语言基本上是从重复和模仿开始的。

大多数刚刚学会说话的孩子都喜欢重复同一个词,那么孩子为什么会出现这种情况呢?站在孩子的角度上,这种情况并不难理解。孩子刚刚开始学会语言的时候可能并不能把语言和物品对号入座,直到有一天他惊喜地发现自己说出一个词,妈妈竟然递给他一个东西,这个时候他们就知道原来自己的语言是有力量的,可以帮助自己得到想要的东西。于是他就会开始有意识地把自己知道的语言和物品配对,就像第一个故事中的孩子一样,她在和妈妈的一问一答中体验到了语言所带来的乐趣。这种重复的现象正是孩子进入语言敏感期的第二阶段的标志。

随后,孩子会放弃这种简单的词语重复,进入一种更高级的重复阶段,那就是模仿别人所说的话。在这一阶段,孩子就像一个复读机,别人说什么,他也说什么,别人问他话他也不懂,只是机械地重复别人的话。

也许最早的时候,孩子是模仿父母说的某一个字,或者一个词,但是随着时间的推移,他模仿的东西就会越来越多,句子也会越来越长。

不过孩子对句子的模仿通常不分场合,只要自己高兴或者感兴趣,他就会说出来。这有时候会让家长很尴尬。还有很多家长会把孩子的这种行为当作是"淘气"的一种,常常阻止孩子的这种行为。其实这对孩子的语言学习是很不利的。

模仿是孩子最重要的一种学习语言的方式,也是语言敏感期的儿童常见的表现。如果家长强行剥夺了孩子模仿别人说话的权利,那么孩子语言能力的发展就会大大减缓。

所以父母在这个语言发展的关键时期,一定不要强迫孩子,要给他自由，让他随意模仿。孩子本身没有是非观念，所以这个时期他所学的话是五花八门，无所不包。有可能是动人的诗句，当然也有可能是不雅的脏话，对这些话他们都会不加选择地去重复，而且很开心。如果听到孩子学会一句诗歌，父母大多会很高兴；但是孩子嘴里说出脏话的时候，家长就很难保持平静了，其实骂人的脏话和优美的诗歌在孩子眼里并没有区别，所以父母不必很着急，也不必强迫孩子不去说。等到孩子失去对这个词汇的新鲜感，他就自然不会再说了。

当父母发现孩子喜欢模仿别人说话的时候，可以有意识地进行一些语言训练。比如，给孩子读一些文字优美的故事，让孩子去模仿这种精确优美的语言，体验语言的魅力；也可以把孩子已经会说的话放进新的句子里，不断加长句子让孩子来重复。这样孩子就能从最初的单纯模仿慢慢过渡到使用语言来表达自己的想法。

孩子可能走进的语言误区：外延过度和外延不足

南南今年2岁了，这天，爸爸妈妈要带她去动物园玩，南南早就听妈妈说动物园里有很多动物，有老虎、狮子、大象、小猴子……虽然南南已经在画报上见过了，可她还是想去动物园看动物。吃过早饭，妈妈要带2岁的南南去动物园，为了快一点收拾完，妈妈就对南南说："南南乖，去帮妈妈拿一下鞋子。"南南非常听话地跑去拿鞋，不一会儿就回来了，可她手里拎的却是自己的一双小皮靴。妈妈见她把自己的小皮靴拿来了，就问南南："南南，那是妈妈的鞋子吗？"南南想了想，还是把自己的鞋子递给了妈妈："皮鞋，妈妈。"显然，在南南的思维中，"鞋子"就是特指她自己的鞋子。

随着年龄的增长，儿童掌握的词汇量不断增加，而且幼儿对自己所掌握的每一个词本身的含义也逐渐确切和加深了，但总的来说，和以后的发展比较起来，这个时期的词汇还是贫乏的，概括性也很低，理解和使用上也常常会发生错误。儿童使用单词的方式与成年人是不一样的，儿童开始使用单词的时候明显存在着词义扩大和词义缩小的倾向，也就是说儿童用词的时候会出现外延过度和外延不足。

外延过度是指将一个单词包含的词义扩展至比习惯用法更广的范围。例如当孩子学会用"狗"这个词的时候，看见猫、兔子和牛，他也可能用"狗"来称呼它们，这是因为孩子认为所有四条腿的小动物，或所有会活动的小动物，或者有毛的小动物等都叫作"狗"，甚至也可能见到任何毛茸茸的物体，如鸡毛掸子等也叫"狗"。词义扩张的倾向在1~2岁时最为明显，约1/3的词会被扩大运用，到3~4岁的时候这种情况会逐渐被克服。

外延不足是指缩小习惯用词的词义，表现为对一个词的可用范围理解过窄，把单词仅仅理解为最初与词结合的那个具体事物。例如"狗"这个词只是专指自己家养的那条狗，当看到其他的狗的时候，孩子就不知道那个东西要怎么来表达。随着年龄的增长以及知识经验的积累和抽象概括能力的发展，孩子对单词的理解外延不足的倾向也会逐渐减少。

凡是儿童能够正确理解又能正确运用的词，称为"积极词汇"。有时候幼儿虽然会说出一些词，但是他并不理解，或者虽然有些理解却不能正确使用，这样的词被称为"消极词汇"，消极词汇不能正确表达思想。虽然幼儿已经掌握了许多积极词汇，但也有不少消极词汇，因此常常发生语言混乱的现象。例如把"解放军"与"军队"混用，甚至可能会把"敌军"表达为"敌人解放军"等。因此父母在发展儿童语言能力的时候，应该注重发展幼儿的积极词汇，促进消极词汇向积极词汇的转化，不要满足于孩子会说多少词，而是要看孩子是否能正确理解和使用这些词。

另外，父母在教孩子说话的时候还要注意最好不要教孩子"奶话"。"奶话"指当刚出生 8～9 个月的婴儿，随着成人的语音刺激"咿咿呀呀"学话时，父母教给孩子的诸如"喵喵（猫）""汪汪（狗）"之类的奶话。这些话虽然生动有趣，符合孩子的特点，有助于孩子形象思维的开发，但是却忽略了孩子抽象思维的培养。其实，对于孩子来说，记住"猫"和"喵喵"所花的时间差不多，而前者是迟早要学的语言，后者却是以后要抛弃的语言。因此，为了让孩子的语言能力得到良好的发展，家长在教孩子学说话时，最好直接教孩子比较正式的理性词汇。

智力发展有规律，避免"填鸭式开发"

小勇今年 4 岁了，在妈妈的精心教育之下，他的智力发展一直都很好。但是妈妈仍担心会因自己的疏忽而影响了小勇的智力发展，为此，妈妈带小勇去做心理咨询。了解了妈妈的担忧，心理咨询专家告诉妈妈，其实人的智力是随年龄增长而增长的。在出生到 16、17 岁的这段时间里，智力发展呈上升趋势，之后智力发展速度减慢，但还是有所升高。22～30 岁这段时间智力发展达到了顶峰,并保持这一水平。35岁之后,人的智力水平有所下降,但幅度不大。只要教育得当,是不会对孩子的智力造成影响的。听了专家的话,妈妈终于松了一口气。

根据心理学家的研究,人类的智力水平随着年龄的增加而增长。但是,智力增长过程是怎样的?成长曲线是等速的还是加速进行的?智力在多少岁达到高峰?研究者对这些问题的看法和意见并不一致。

但是大多数的研究都表明,人的智力发展水平是有一定的规律的,呈现出最初逐渐升高、最后又有所下降的过程。在出生到16岁的这段时间内,智力发展呈上升的趋势,且智力发展速度最快;此后智力发展速度虽然减慢,但是依然有所升高。在22~30岁这个时间段,人的智力发展达到顶峰,并一直保持这一水平。35岁后,人的智力开始逐渐下降,但趋势并不明显。

李先生是一家汽车制造厂的副总裁,为了开发儿子的智力,李先生从来都舍得大把大把地花钱,经常给儿子买各种各样的电动玩具、小人书,周末还带儿子去"开智班"进行智能训练。然而让李先生没有想到的是,儿子现在经常对着各种小玩具发呆出神,或者先玩一下积木,然后又转而去玩电动狗,不一会儿又开始玩机器人,就这样东摸摸、西碰碰,几乎把所有的玩具都翻了一个遍,但是还是无精打采的。

最让李先生吃惊的是,有一天晚上,他下班回家的时候,看见儿子坐在地板上,眼神空洞地望着一堆玩具发呆,看到爸爸回来,儿子忽然冒出了一句:"爸爸,我好无聊啊!"李先生百思不得其解,他实在不明白儿子小小年纪为什么会说出这样的话,自己在孩子身上下了那么大的劲儿,去开发他的智力,为什么不见成效,反而把一个原本活泼的孩子变成了一个经常"无聊"的人呢?

其实,在儿童的智力开发中,这是很常见的事,这种现象通常被称作"智力厌食症",也就是说儿童像厌食一样,对各种形式的智力开发活动产生了厌恶的情绪。这种情绪常常不是通过情感宣泄表达出来的,而是儿童的一种无意识的表露。"智力厌食症"常常表现为对以前十分喜欢的玩具产生厌倦,经常独自一个人发呆,对父母、教师布置的任务总是拖延时间,更为严重的可能会导致儿童厌食、失眠等。

据研究,造成这种所谓的"智力厌食症"的最主要原因是父母违背了智力开发理论的第四个方略——最近发展区理念。所谓"最近发展区"就是离孩子当前智力水平最近的那个区域,它处在当前智力发展水平稍高的地方,但又不是太高。就像我们摘树上的桃子,这个桃子我们站在地上伸直胳膊够不着,但如果我们稍微跳一跳,努力一下,就能摘着了。那么这个桃子的位置,心理学中就叫作"最近发展区",而对孩子的智力开发就是要开发最近发展区的智力。儿童心理学研究表明,任何人的智力发展都有一个"最近发展区",儿童尤为明显。如果父母求胜心切把孩子智力发展的目标定得过高,超过了最近发展区,那么就会给孩子带来压力,容易产生"智力厌食症"。

对于李先生的儿子那样的"智力厌食症",最好的办法就是降低难度,减少刺激,而且最好进行几次"情绪宣泄"疗法让孩子把不良情的绪释放出来。"情绪宣泄"疗法对不同年龄阶段的人,具体的做法各不相同,对孩子来说,最有效的就是玩游戏,让孩子尽情玩耍，不要怕孩子"玩野了"。孩子把心中的不快通过游戏宣泄之后，就可以减轻压力，消除"智力厌食症"。

孩子可能理解不了你的"正话反说"

小敏已经5岁了，星期天妈妈带她到游乐场玩。一进游乐场，小敏就被深深地吸引了。妈妈陪小敏在游乐场疯玩了两个小时，想休息一下再带小敏去玩，谁知道公司打电话要妈妈去加班。所以妈妈只好跟小敏说："小敏，乖，我们回家吧！妈妈下午有事，改天再来……""不，我还没玩够呢！""妈妈下午要加班，我们必须回去……"妈妈苦口婆心地说了半天，小敏就是不肯出来，妈妈生气了地说："好啊，你自己去玩啊。"谁知道小敏听到这句话竟然真的又跑去玩碰碰车了。

有一次妞妞不小心把牛奶打翻了，妈妈对她说："看你干的好事！"结果第二天，妞妞故意把牛奶打翻了，然后高兴地冲着妈妈喊："妈妈快来呀！我又干了一件好事！"妈妈看见之后哭笑不得。

2~4岁是孩子发展自我意识和语言能力的关键期，虽然此时孩子已经会说很多话，但是对语意的理解仍然处于发展中，所以经常出现词不达意的情况。在孩子本身理解能力有限，家长还要经常"正话反说"的情况下，孩子就会感到困惑，不利于孩子理解能力的发展，而且家长与语意完全不同的表情让孩子无法猜测家长的真实意思，这也不利于亲子之间的沟通。

家长在一气之下，偶尔说些气话来发泄一下是难免的，但是千万不要总是用反话去刺激孩子，否则孩子就会在遇到同样的情况时用这些反话去"安慰"别人，因为他分不出"正话""反话"，他只会有样学样地套用家长的话，这很可能会影响孩子与他人的沟通，让别人误解，认为孩子不讲礼貌、没有同情心。

幼儿对话语中讽刺意图的理解能力，以及对诚实话和讽刺话以及侮辱性话的辨别能力需要相当迟才会出现。他们常把成人的反话当作正面话理解。如年幼儿童擅自过马路，妈妈说，"你再走走看"，他就更向前走。幼儿把爸爸的书乱扔，爸爸说，"好啊，你把我的书扔得乱七八糟"，孩子就会扔得更起劲。

有一个研究小组考察了小学生是否能理解隐含在话语中的讽刺意义。例如说话者明明知道一个人跑得很慢，但却对这个人说："你跑得真快！"结果发现，一年级小学生还不能理解这句话的真正意义，三年级学生才基本理解。

由于幼儿的思维通常具体形象的，不善于分析事物的内在含义，难以理解语言的寓意、转义，所以在对幼儿进行教育时，家长一定要坚持正面引导，并且辅以肢体语言让孩子清楚地明白了家长要表达的意思，切忌讲反话，切忌嘲笑、讽刺幼儿。例如，孩子做完游戏后很兴奋，回家后还不能安静下来。这时候爸爸如果生气地说："你再吵，我就给你点颜色看看。"孩子很快就会安静下来等着看"颜色"，因为他们并不理解此处的"颜色"是什么意思。还有当父母带着孩子出去散步的时候，如果孩子缩脖、猫腰，父母却讽刺地说："你走得真好啊，跟个小老头一样。"孩子听了，不但不会挺起腰来，反而会更严重地都缩脖、猫腰。其实是孩子没有理解父母的正话反说。在批评孩子的时候，最好要坚持正面引导的原则，用具体形象的榜样感染、影响幼儿，空洞的说教和嘲讽，无论是对孩子心理的发育，还是对孩子语言能力的发展都是有害无益的。

别在学习上给孩子施高压

在生活中我们常常可以听到这样的事情：

"我们家孩子不知道怎么回事，平时的测验都发挥得很好，一到关键时刻就掉链子。碰上期中考试或者期末考试这样的'大考'，就表现很差。真怀疑他平时是不是作弊。"

"我们同事的儿子参加中考晕倒在考场上了。听说是因为看到一道题平时没见过，马上就呼吸急促，整个人都慌了。"

其实这种感觉我们都不陌生，就是越紧张事情越做不好，越发挥不出原有的水平。其实这可以用心理学上的"动机适度原理"来解释。在心理学上，"动机水平"是指一个人渴望完成一项任务的程度。

心理学家通过研究发现，在一般情况下，动机水平越高，学习或者工作的效率就会增加。但是如果动机水平过高的话，学习和工作的效率反而会降低。美国心理学家耶克斯和多德森认为，中等程度的动机激起水平最有利于效果的提高。这就是"动机适度原理"。

望子成龙、望女成凤的心态可以理解，但是父母过度的期待只能给孩子带来负面的影响，取得适得其反的效果，既让孩子在考试和学习中表现失常，也剥夺了孩子应该有的快乐。

在竞争压力越来越大的今天，不需要家长的教育，很多孩子已经感受到了很大的压力。在这种情况下，父母就更不能对孩子的学习施以高压,而是要保持平常心,而且当孩子拼命学习,给自己施加过高压力的时候,父母还要学会给孩子减压。

我们常常会听到孩子说:"我要不惜一切代价保证考试成功!""如果我考试不好,很没面子,别人都看不起我!""如果考不好,我以后怎么办?"这些话虽然能表现出孩子的决心,但是也是心理压力过大的表现。这时候父母要帮助孩子减压,"考不好也没有多大的关系,一次考试并不能决定什么,关键还是看个人的素质和能力。你只要尽最大努力去考就好,考不好爸爸妈妈也还是你的爸爸妈妈,天塌下来还有我们帮你顶着呢!把心态放轻松就好了!"总之,父母要做的就是让孩子总是在适度的压力下学习,既不过高,也不过低。

此外父母也要真正改变自己的心态,不要把孩子的成绩看得过于重要,相对来说,发现孩子的优势和劣势才是父母最重要的任务。

奥托·瓦拉赫小时候,父母希望他走文学之路,结果老师写下了这样的评语:"他很用功,但是过分拘泥,这样的人不可能在文学上有很高的造诣。"接着,根据瓦拉赫自己的想法,妈妈又让他去学油画,可是评语是:"你是在绘画艺术方面不可造就的人才!"父母看到这两个评语,几乎绝望了。但是一位化学老师却觉得这个"笨拙"的学生做事一丝不苟,是个研究化学的好材料。结果化学激发了他的潜能,这个文学和绘画上的"差生",摇身一变成了"化学天才",最终获得了诺贝尔化学奖。

心理学研究表明,每个正常的孩子都具有一定的"潜能"。所以父母要充分地了解自己的孩子,帮助孩子把优势发挥出来,而不是根据自己的主观愿望和片面印象帮助孩子设定属于他的未来。很多孩子可能不擅长学习数学，但是他可能在音乐上有很高的天分；也有的孩子不喜欢课堂上的学习，那么一些独特的教学方法可能会开启他智慧的大门。

因此，父母完全没有必要纠结于孩子的学习成绩，给他们很大的压力，父母最应该做的是发现孩子的优势，让他们充分发挥自己的潜能，成为一个对社会有用的人，拥有幸福快乐的人生。

聪明的妈妈要"无为而治"

菲菲已经是小学二年级的学生了，是一个可爱的小姑娘。但是，这个可爱的小姑娘却非常粗心，她做作业的时候从来不检查，总是把很简单的题目都做错。每次菲菲写完作业，就对着妈妈叫道："妈妈，我写完了！"然后，把作业本、文具盒往桌子上一扔，就匆匆忙忙离开桌子，打开电视或者跑到外面去玩。接着，菲菲的妈妈就帮菲菲收拾书桌，把课本、文具等收拾到书包里，然后，再将菲菲的作业从头到尾检查一遍，用铅笔把错误的题目勾出来，叫菲菲来改正。对于妈妈指出的错误，菲菲从来不问为什么，想一下就拿起笔来改，因此，她改过的题目经常还会出现错误。这时，菲菲就会不耐烦地嚷道："妈妈，到底应该怎么做呀？"妈妈见菲菲不肯动脑筋，一边抱怨菲菲不自觉认真学习，一边只得把正确答案告诉她。

生活中有很多像菲菲一样的孩子，他们好像一个傀儡一样，不会独立检查作业，不会独立收拾自己的书包，也不会自己思考错题的改正方法，好像没有自己的思想一样。妈妈们会抱怨他们不自觉，什么事情都依赖妈妈，好像没了妈妈什么事都做不了。

殊不知，孩子的不自觉正是妈妈们无意识中宠出来的坏习惯。因为妈妈把检查作业、收拾书包的所有该孩子自己做的工作都代劳了，孩子在妈妈的帮助下毫不费劲的做好事情。久而久之，孩子一遇到困难，就求助妈妈的帮忙，理所当然地认为妈妈会帮自己解决问题，这样就养成了孩子不自觉的习惯。妈妈对孩子的事情件件亲力亲为，为孩子包办一切，这样既限制了孩子自身的发展，自己也整天为孩子的事情不断操心，筋疲力尽。妈妈费心费力，某一件事做得不好时，还被孩子抱怨管太多，费力不讨好，最终还落下了"笨妈妈"的印象。

妈妈在孩子刚出生的时候，照顾孩子是应该的，因为这时候的孩子生理、心理的各项功能都还没有发育成熟，他无法独立生存，需要依靠他人的照顾。但随着孩子身心发育的健全，他学会了爬行、学会了走路、学会了说话，学会了自己出门、学会了与人交往……孩子学会的东西越来越多，他能学会的还有更多。妈妈应该适当放手让孩子去学会更多的东西，做一个"无为而治"的聪明妈妈。

但是，在许多妈妈心里，孩子再大也是自己的孩子，她们已经习惯了无微不至地照顾孩子：给孩子喂饭、帮孩子洗脸、帮孩子收拾书包、帮孩子做作业……基本上能帮的都帮了。在这种情况下，孩子能学会自觉吗？他从未尝试过自己做自己的事情的味道，怎么会平白无故地学会自觉呢？即使他一时兴起自觉做了某件事，但是习惯于依赖妈妈的他自然会觉得做事情很费劲，还不如让妈妈做更好。久而久之，孩子越来越依赖妈妈，越来越懒散，而离自觉就越来越远。实际上，不自觉对于孩子的成长是很不利的。对于孩子的自身素质来说，独立性是最重要的素质之一，而不自觉的孩子完全依赖于妈妈，四体不勤，无法独立生活。所以，明智的妈妈应该从孩子的长远发展来看，让孩子从小就做一些力所能及的事情，注意从生活的各方面来培养孩子的独立性，对孩子进行自觉主动的自主教育，逐渐养成孩子的自觉意识和习惯。

　　自觉主动的自主教育的内容是从孩子的实际情况出发，调动孩子的内在积极性，发掘其潜能。美国著名教育心理学家赫施密特指出："自觉主动的自主教育实现的是受教育者和教育者的合一，使教育的对象成为主体，由于自身掌握了主动权，个人将在发展的过程中拥有无穷的力量和智慧。如此，不仅使受教育者的潜能得以极大的开发，而且使教育者得以身心的解脱。而这里的关键在于，教育者必须掌握以一驭万、能够真正诱发受教育者主动性的策略。"然而，自主教育中的教育与被教育的关系并非固定不变的。在自主教育的前期，妈妈是主要的教育者，到了后期，当孩子已经掌握了方法并将之应用到自己的生活中，孩子就发生了转变，从实质上变为了自主教育的自觉者，这时，他们会自觉主动地去学习，在某些时候，他们的独特见解和新的发现甚至会影响到妈妈，反过来使作为教育者的妈妈受到启发。

　　所以，激发和引导孩子自觉主动，妈妈不需要付出太多时间和精力，就可以培养出成功的孩子，就可以更轻松地成为成功的妈妈！

正确理解孩子的故意"考砸"

　　一位心理学专家曾经说过："医生的孩子经常生病，老师的孩子不爱学习，是我在咨询过程中经常会遇到的案例。"

小枫是一个初三的学生，他学习很努力，在一般的随堂测验中总是表现出色，但是一到了大考试，像是期中、期末考试，他就总会考砸，几乎没有例外。

小枫的父母都是教师，他们想尽了各种办法，但就是无法帮孩子提升大考时的心理素质，无奈之下，妈妈带着儿子来看心理医生。

母子俩见到心理医生后，妈妈先发了一通感慨："我是优秀教师，在全市都很有口碑，我教出了那么多优秀的学生，但就是教不好自己的孩子，我觉得自己很丢脸。"说完这番话，她用"恨铁不成钢"的眼神看着小枫。小枫把头垂得很低，不肯看妈妈的眼神，也不和心理医生对视。

听完妈妈的话后，心理医生请她离开咨询室，留下小枫做心理咨询。在妈妈离开的一瞬间，小枫把头抬起了一点，而且脸上的那种羞愧马上就消失了，取而代之的是一种倔强的神情。

心理医生一下子看出小枫那倔强的表情下面隐藏的是对妈妈的不满。小枫说在家里感到很压抑，爸爸妈妈总是太在乎他的成绩。每次大考结束后，拿到成绩单，发现成绩不怎么样时，他的心里一开始总是闪过一丝快感，然后才会觉得又考砸了，又让爸爸妈妈失望了。

听小枫这么说，心理医生顿时明白了，实际上小枫内心深处其实是不想考取好成绩的，这种一闪而过的快感才是问题的根本所在。

心理医生对小枫的妈妈说最好别再盯着小枫的学习，放手一段时间。小枫的妈妈犹豫了很久，但还是答应试一试。结果中考结束后，小枫以优异的成绩考入了市重点高中。

案例中小枫在大考中成绩不佳的原因是他对父母教育方式不满的表达，他的潜意识中存在着这样一种心理：你们最在乎这个，那我就偏偏不给你这个。但是你们不能怪我，我努力了，肯定是你们教我的方式有问题。其实很多青少年也存在和小枫一样的心理，只不过是没有意识到而已。他们只是隐隐约约地在拿到糟糕的考试成绩后闪过一丝快感，或故意做错一件事，因为"捣乱"被批评后反而会得到一种满足。

其实这些都是典型的"被动攻击心理"。这种心理就是用消极的、恶劣的、隐蔽的方式发泄自己的不满情绪，以此来"攻击"令他不满意的人或事。在孩子当中，最常见的表达方式就是有意无意地做错一些事情，惹得父母特别生气。结果，父母对孩子进行一番攻击。看上去是父母攻击了孩子，实际上是孩子在内心深处故意惹父母生气。

这种心理其实很不健康。当事人不能用恰当的、有益的方式表达自己不满的情感体验。尽管他们知道应该与人沟通，寻找解决办法，但是却极不愿意去做。更不愿大大方方地表达出来。而是采取只有他自己才清楚的、将事情越弄越糟的"宣泄"方式来使自己的心理获得某种平衡。这种不健康的心理行为如不及时纠正，必将严重化，当孩子进入社会时，他会把最初只针对父母的被动攻击心理演变一种比较恶劣的人格心理。

一般出现"被动攻击"情况的孩子，他们的父母都会有以下三个共同点：第一，对孩子的期望很高；第二，对孩子的控制欲望非常强烈，生怕孩子遇到任何挫折，于是希望尽可能完美地安排孩子的一切；第三，不允许孩子表达对父母的不满，他们认为孩子最好的优点就是"听话"。

这三个特点结合在一起，会让孩子感到窒息，并对父母产生深深的不满。要改善这一点，最好的方式就是"适当放手"，即父母给孩子制定一个基本的底线——认真生活不做坏事，然后让孩子去选择自己的人生，只在非常必要的时候才去帮助孩子。

而且，父母还要注意自己家庭中的沟通氛围，要保证孩子在家里可以直接对父母表达情绪和不满。因为如果孩子心中产生了不满，却又被禁止表达，那么他们就会采用这种"被动攻击"的方式表达出来。

因此，要消除孩子故意"考砸"和"捣蛋"的行为，最好的办法是做个理解孩子的父母，尊重他们的思想，让他们为自己做主，允许他们有自己的秘密，给予他们充分自由独立的空间。

让孩子没有负担地质疑老师

美国教育家杜威说"理智的自由才是唯一的、永远具有重要性的自由。"无论什么时候，思想上的独立和自由才是保持独立于这个世界的基础。要想做一个有所成就的人，首先就要做一个有独立思想的人。然而现实中，很多人所缺乏的，正是这种独立且自由的思想。

美国的一位心理学家在给某大学心理学系的学生讲课时，做过这样一个实验：他向学生们介绍了一位老师，说这个老师是国外有名的化学家。在上课的时候，这位"化学家"拿出了一只装着蒸馏水的瓶子，有模有样地介绍起来这是他发现的一种具有独特气味的化学物质，接着就让每个学生都闻了一遍，然后他请闻到气味的同学举起手来。大多数同学都举起了手，心理学家揭晓了答案——原来，这位"化学家"其实是外校请来的德语老师，而这瓶"有气味的化学物质"，其实也是没有气味的。

这个故事其实就反映了当今社会普遍存在的一个现象——"权威效应"。如果一个德望高，权威重，让人信赖的人说的话，那么即使这话还没有被实验证实，也会被多数人重视并且相信。就像学生多数相信老师所说的话一样，老师的标准就是学生的标准，他们认为如果按照老师说的去做，那么自己也能得到更多的认可，自己所做的这件事的"安全系数"也会随之提高。很多时候，孩子就会因此而丧失了自己本来的思想，变得人云亦云。

一味地遵循"权威效应"对孩子的成长是很不利的，孩子需要有自己独立的见解，不建立在任何人的观点之上。在这个过程中，老师这个角色对孩子独立思考的培养也是起着不可豁免的作用。

绝大多数孩子对于老师都是尊敬甚至是有些畏惧的。当老师在某些方面犯了错误，一些孩子敢于提出，也有一些孩子则因为畏惧而不敢发言。有的老师比较小心眼，认为自己就是权威，对于孩子提出的质疑直接驳斥，慢慢地，孩子就不敢再有其他的想法，思想也会被禁锢。有的老师在孩子提出不同意见时则会循循善诱，嘉奖孩子的质疑精神，有勇气说不，从而培养起了孩子勤于思考、敢于质疑的好习惯。如果说孩子是祖国的花朵，那么老师就是祖国的园丁，身为家长，必然要从小教育孩子尊重老师。不过在让孩子尊重老师的同时，也要让孩子知道不能对老师盲目崇拜，鼓励孩子在老师面前提出不用的想法和质疑，即使老师不喜欢孩子的质疑，家长也要呵护好孩子的质疑精神，同时让孩子知道质疑本身是没有错的，质疑老师并不等于不尊重他。如果老师对此仍有异议的话，那么家长要做的，就是及时与老师进行沟通，共同找出一条更好的教育路径。

小圆今年上五年级，有一天在思想品德课上，课后作业问为什么要尊重老年人。老师给了统一答案是：因为老年人在年轻时为国家做出了贡献。

小圆很不认同，反驳老师说："老年人里面也有做小偷的啊。"可是老师却驳斥了她的这个质疑。

回家以后，小圆委屈地将事情告诉了妈妈。小圆妈妈很赞赏女儿的想法，小小年纪便有了提出质疑的能力，便对女儿说："老师说的没错，你说的也没有错。不过，尊重他人是美德，但是对于不同的人，尊重的程度也不同。对于为国家做出过贡献的人，应该给予崇高的景仰。而对于一般的人，就要给予人作为人之本身最基本的尊重。"

在质疑和提出新的看法的过程中，小圆妈妈在小圆和老师之间起了协调的作用，孩子在自己的看法与老师相冲突时，会感到委屈，这个时候，家长要对孩子的情绪先进行安抚，带着公正的态度询问是否觉得老师做得不对，自己的看法是否对自己更好，循循善诱，一问一答，让孩子敢于提出质疑，如果事情的本身让孩子认为自己的做法对自己更有意义，那么就要对老师敢于说不。

当然，在孩子拥有自己的想法时，也不一定完全是有利于他的，也有可能会过于偏激而伤害到孩子本身。当孩子出现不同想法时，家长首先要对他的想法和勇气表示肯定，其次要引导他逐渐开阔视野，能够接受社会各个方面的人和事，要让他知道除了自己的想法之外，还有千千万万种可以采纳的不同想法，让他慢慢地吸收，慢慢地得到成长，无畏任何事物。总而言之，家长就是要让孩子在拥有健康的批判精神的同时，更有开阔的气度，以及吸收众家所长的高度。

此外，家长也要与老师在这方面多沟通，彼此得到谅解，保持良好的关系。让孩子拥有出色的创新力，拥有自己独特的想法，成为真正的人才，这其实是家长和老师共同的期望。既然是同一个目标，那么为什么不让孩子在通往这个目标的路上更加方便而快捷呢？

不喜欢读书的孩子背后往往是厌书的父母

李响读小学了，近来，他的妈妈非常烦恼，逢人就开始诉苦，原来是因为李响不喜欢读书。本来，上小学之后，孩子的学习量和阅读量都应该增加，但李响却一点也不喜欢读书。有一次，老师让班里的同学去图书馆借一本课外读物回来读，由于不喜欢读书，但又必须完成老师布置的任务，李响只好跟着同学到了公共图书馆。之后就发生了有趣的一幕，别的同学都在找最优秀的课外读物，而李响却在忙着找一本最薄、最简单的读物。这让图书管理员很诧异，而李响对这件事的解释就是"阅读枯燥无味，太令人生厌了。"

难怪李响的妈妈会烦恼，孩子不喜欢读书，对其以后的学习和知识储备都是很不利的。因此，几乎所有的父母都会不顾一切地要求自己的孩子多读书,读好书,以此来提高知识修养和学习能力。但事实上,有些孩子是不爱看书的。对此,一些家长就认为是天生原因,孩子天生不喜欢读书,谁也没办法。但其实,把孩子不爱读书归结为天性,是不对的。孩子不爱读书跟父母有着很大的关系。可以这么说,每一个讨厌读书的孩子背后都有讨厌读书的父母。

我们已经知道,孩子小时候的模仿对象和榜样人物就是父母。生活中,如果父母想培养孩子某一方面的好习惯,就要从自身做起,给孩子树立好的榜样。那么可以试想,没有良好的家庭阅读氛围和父母从来都不读书的家庭,孩子是很难知道阅读为何物的,更无法体会到阅读带来的乐趣。

有人曾针对两所家长来源差异较大的小学进行了调查,A 小学的家长多来自高校,在家中他们有大量的时间用来阅读和写作;B 小学的家长多数是普通工人和售货员,在家中的时间几乎都用来看电视、打麻将、聊天等。调查结果发现:A 小学的孩子产生自发阅读和书写的时间比较早,而且普遍认为阅读和书写是生活的重要组成部分;但 B 小学的孩子产生自发阅读和书写的时间则较晚,且多数并未将阅读和书写当作生活的重要组成部分。于是,研究者随后要求 B 小学学生家长每天都在家中阅读 20 分钟,可以阅读报纸、书籍等,但必须在孩子面前进行,并且阅读时要表现得专注而且满足。这样坚持了几个月之后,B 小学实验组的学生自发阅读的行为明显增加,并开始认为阅读是生活中不可缺少的内容了。他们的家长也认为,孩子最近的学习态度和成绩都有所提高。

因此,父母对书籍和阅读的态度会直接传递到孩子身上,孩子之所以不喜欢读书,是不是因为大人从来都没在家里或者在他面前读过书呢？大人一般都工作繁重，或者因工作环境不同而会有不同的生活内容，但无论如何，增强孩子的阅读兴趣，让孩子从自己身上沿袭到喜欢阅读的习惯，对孩子的一生是非常重要的。因此，父母应该严格要求自己，给孩子做好榜样。

除了父母以身作则，把自己喜欢阅读、喜欢书籍的习惯传递给孩子，让孩子不再厌书之外，父母还可以有意识地跟孩子一起做亲子阅读。要知道，亲子阅读是最佳的父母与孩子交流、培养感情的方式，同时还能让孩子感觉到阅读的美好，从而喜欢上读书。平常周末或者假期时，多跟宝宝一起逛书店、去图书大厦，就算自己不买书，也能传递给孩子一种阅读的气氛；在家没事的时候，拿出一本有趣的书跟孩子一起阅读或者讨论，也能增加孩子对书籍的兴趣，并想当然地认为父母是爱书的，自己也要爱书等。在这样的习惯化行为中，孩子就会慢慢地爱上书籍，喜欢阅读。

让孩子尝到坚持收获的果实

世界首富比尔·盖茨认为，巨大的成功靠的不是力量而是韧性。如今社会的竞争常常是持久力的竞争，有恒心有毅力的人往往能够成为笑到最后，笑得最好的人，对于孩子来讲，恒心和毅力是成功的必要条件，半途而废、浅尝辄止，那么梦想永远只能是梦想。

心理学家们指出，孩子无论做什么，轻易放弃是不会取得成功的。有时候，孩子多坚持一会儿就会有奇迹出现，多坚持一会儿就能够反败为胜。当事情愈来愈困难时，当失败如同排山倒海般地压过来时，大多数孩子会放手离开，只有意志坚强的孩子才能够坚持到底，不轻易言败，而最后的胜利，也往往属于这些意志坚强的孩子。据心理学家研究，孩子最开始能够坚持去做一件事，是因为他们尝到了坚持的果实。

生物课上，老师在黑板上出了一道题："草履虫有眼睛吗？"对于孩子们来说，这比证明三角形全等有趣多了，于是开始热烈的讨论。

大部分同学认为，既然叫"虫"，当然有眼睛喽，不然它怎么看东西呢。但是韦冰却不这么认为，他隐隐约约地记得以前上初中的表哥对自己说过，草履虫是种单细胞动物，没有眼睛，只有鞭毛。于是韦冰告诉周围的同学："草履虫是没有眼睛的。"

听韦冰这么说，大家纷纷质疑起来："你怎么那么确定呢？你的依据是什么？"同桌马小涛甚至说："你敢坚持你的看法吗，如果你赢了，今天的值日我就一个人全包了！"

听大家这么一说，韦冰的心开始打起鼓来："万一我错了多丢脸啊，而且那么多同学都说没有，我应该是记错了吧，可是……"韦冰又想"我隐隐约约记得好像自己的答案没有错啊，要不要坚持下去呢？"

经过激烈的思想斗争，韦冰还是决定坚持自己的答案，结果等老师公布答案的时候，韦冰果然是正确的，知道这个结果的那一刻，同学们都不约而同地鼓起掌来，为了韦冰能够坚持自己，经过今天的事情，韦冰一下子对自己充满了信心，心里甜滋滋的。

心理学家们告诉妈妈，一个孩子的恒心和内心的梦想结合以后，就会产生百折不挠的巨大力量。很多孩子的失败并不是因为自己能力不济，而是败在自己意志力不强，很多情况下，成功与失败只是一步之遥。据心理学家研究，孩子不敢坚持自己的看法是因为有的孩子属于"温和派"，很少大胆地向别人说"不行"，妈妈说什么他们就听什么，有什么反对意见在妈妈的强行压制下也就烟消云散了，慢慢地就养成了不敢大胆表达自己意见和想法的习惯，总认为别人说的可能说是对的，即使自己的意见正确，也不敢理直气壮地坚持。

还有的孩子害怕遭到妈妈的责骂。如果孩子说出自己的看法后，妈妈认为孩子的看法相当幼稚并且没有逻辑性，往往会指责孩子"反应迟钝""笨"，于是孩子下次遇到这样的问题，就会为了免于责骂而改变自己的看法。那妈妈应该怎样教导孩子呢？

一般欧美国家父母的做法是：鼓励孩子发表自己的意见，提出自己的要求，当孩子的意见和要求不妥当时，立即给予纠正，并说明父母不能满足孩子要求的原因。例如孩子认为自己晚上可以玩一会儿电脑，这样有利于调节紧张的学习，如果父母反对，就一定要能说出反对的理由："你是一个自制力不强的孩子，这样会影响你的睡眠，所以我们不同意。"妈妈还可以给孩子参加家庭会议的机会。比如全家人一起商量是否要买新房，认真参考孩子的意见，把孩子当作一个平等的个体来对待，是对孩子敢于坚持的最大鼓励。

智商与天才没有必然关系

军军今年 5 岁了，是一个人见人爱的小男孩。"五一"长假期间，小区里举办了一个"为了孩子的明天"的活动，其中有一项是为孩子测智商。妈妈一向很重视对军军的教育,也带军军参加了测试。经过半个小时的测验,结果终于出来了,妈妈迫不及待地问测试的老师:"我家军军的智商是多少啊?""105,你家小孩挺聪明的。"听到这个结果,妈妈并不高兴,因为在军军3岁时曾进行过一次智商测试,那时,军军的智商是117。妈妈纳闷了,怎么军军的智商下降了,难道是自己的教育出了问题吗?

智商(IQ)这一概念是由美国心理学家首先提出的。他把智力年龄(MA)和实际年龄(CA)的比值称为智商,具体计算公式为:IQ=(智力年龄/实际年龄)×100。

这个概念说明,如果一个儿童的智力年龄与实际年龄相当,那么不论他有多大,他的智商总是100。如果一个4岁的儿童智龄是6岁,那么他的智商是150,一个10岁的儿童智龄是12,那么他的智商是120。

那么儿童的智商(IQ)随其年龄的增长是稳定不变的吗?如果一名儿童4岁时的智商为100,到了8岁或12岁的时候,他的智商还是100吗?智力测验有预测的功能,人们在用智力测验做预测时,一般都假定智力是相当稳定的。但实际上,智商有其稳定性,也有一定的可变性。首先婴儿时期的智力测验结果不能很好地预测以后的智力发展。但是随着年龄的增长,儿童的智力趋于稳定。就同一名儿童来说,随着年龄的增长,他的智商也不是一成不变的,绝大多数儿童的智商都出现了一定程度的变动。造成智商变动的原因可能是:智力发展的速率存在着个体差异,比如,有的先快后慢,有的则是先慢后快,这样导致多次测验分数的起伏;此外一些测验题目可能过分强调了某一个方面的知识或某种技能,这样有无机会习得这些知识或技能也会造成智商偏高或偏低的现象。前者是智力本身的变化，后者则是测验本身的效度问题。

"哗——"，两盒牙签落在地上，服务员连忙道歉，而雷蒙却愣愣地盯着一地的牙签出神，不一会儿，他脱口而出："198根。"

弟弟瞅了他一眼，问服务员："是198根？"

"每盒100根，应该是200根。"服务员答道。

"198根。"雷蒙似乎没有听到服务员的回答，执拗地重复着，弟弟一笑，想拉他走。

"等一等，"服务员突然说："对不起，应该是198根，这里还有两根。"在他手里的一个牙签盒里还留着两根未掉落的牙签。

这是影片《雨人》中的一个场景。那个叫雷蒙的人，自幼住在精神病院，智商仅为50，远远低于常人，然而他却有着惊人的记忆力、计算力和视觉判断力。像这种低智商与一种或数种高度发达的特殊才能并存的病例，在心理学上称为"白痴学者"。如果我们不知道雷蒙的真实情况，我们很可能在心理惊呼："天才！"

智力超常儿童是指智商在140以上的儿童，美国心理学家推孟称之为"天才"，我国古代称之为"神童"。

一些家长非常关心智商高是否意味着孩子是天才。研究者通常认为，天才的真正含义是在某个或某些领域具有一定历史时代所能达到的最高或较高的认识能力和实践能力的人，而高智商与天才之间往往并没有必然的联系。

有些天才只具有超过平均或者是普通的智力，有些天才的智力水平甚至是远远低于平均水平，也就是所谓的"白痴天才"或者"白痴学者"。对儿童来说，以下几个方面有助于我们鉴别天才儿童：

（1）有旺盛的好奇心、求知欲和创造性。

（2）有丰富的想象力。

（3）有广泛的兴趣。

（4）敏捷，善于解决问题。

（5）有较强的组织、概括能力，思维具有逻辑性。

（6）有较高的比较、判断能力，不盲从，依赖性小。

（7）较高的忍耐性，对已定目标有坚持下去的决心。

然而，这里需要强调的是，即使对于天才儿童，正确的引导和教育、适宜的成长环境也是至关重要的。对家长来说，最重要的并不是请专家鉴定自己的孩子是不是天才，而是科学、全面地了解自己的孩子，不仅包括智力方面的特点，也包括非智力方面的特点；并且为他提供适宜的环境和恰当的教育方法，使他的潜能得以充分挖掘。

比"网瘾"还可怕的"考试瘾"

东辉是海口一所重点高中高二的学生。他家离学校很近。每天放学后，匆匆吃完饭，他就钻进自己的卧室开始学习。一般情况下他都会学习到凌晨两三点，早上五六点又起床准备上学。妈妈看他这样拼命，总是劝他注意休息，但是无论怎么说都无济于事。他的爸爸还很骄傲地跟别人说："我们家孩子太爱学习了，不让学还很生气。"

东辉的这种学习状态可以追溯到初中时候。那时，东辉经常考全班第一名，但他对此很不满意，他一直以考全市第一为目标，对于学习丝毫不懈怠。上初三时，为了考上最好的高中，东辉开始了更加疯狂的学习。初三本来就很紧张，所以东辉的妈妈没有太在意孩子的这一做法，但上了高中后，东辉仍然如此拼命，甚至在暑假期间，他仍然每天都发奋学习。他对自己的要求是，高一就要把高中三年的知识学完，保证自己在这所全国重点高中拿第一。他妈妈当时觉得苗头不对，想带东辉去看心理医生，但东辉的爸爸反对，他认为这是孩子太爱学习的原因，不能批评，更不容另眼看待。

但后来，东辉这个高二的孩子身体日渐瘦弱，神情过于亢奋，终于有一天承受不住，住进了医院。

目前的应试教育压力极大，学生们容易对上学和考试产生消极抵触心理，这很容易理解，而像东辉一样，强迫自己超负荷学习，最终导致身心崩溃，这就属于不太正常的心态了。因为人天生就有"趋利避害"的心理机制，它包含两方面内容：人会对来自外界与自身的压力和不利因素本能性地进行反抗和逃避；人会对自己想要的东西有着本能性的向往，想占有，想获得，并且会采取一定的行动来实现它。这是一种健康的心理机制。

对东辉来说，学习的压力很大，正常的心理反应应该是逃离这种压力，而东辉却恰恰相反，主动去接近这种压力，这实际上是一种"趋害避利"的心态，是一种不健康的心理机制。东辉的这种"瘾"并不是"学习上瘾"，而是"考试上瘾"。学习上瘾的孩子，享受的是知识带来的快乐，而"考试上瘾"的孩子所追求的，不是追求知识时感到的快乐，而是家长、老师等外部世界的奖励和认可。

家长常常会害怕孩子染上"网瘾",但很少有人会担心孩子有"考试瘾",甚至有些家长还希望孩子能有"考试瘾",认为只要孩子喜欢考试,他就会喜欢学习,就能学到更多的知识了。其实,这种"考试瘾"甚至比"网瘾"还害人。网络成瘾的孩子,在心理机能上基本上是正常的。这些孩子染上"网瘾"的原因通常是在家里感受不到父母的爱,父母给的压力太大或者在学校得不到老师的关注,所以这些孩子本能地产生"趋利避害"的心理,逃离家庭和学校,进入网络世界寻找温暖;而"考试成瘾"的孩子则颠倒了这种本能,他们几天没考试、不学习就非常难受,这是不正常的心态,干预起来也比较困难。在孩子的成长过程中,如果任由这种心理机制发展下去,他最后一定会成为偏执型人格障碍。成绩将成为他精神上的唯一支柱,一旦这个支柱坍塌,孩子就有可能走向精神分裂。

要防止孩子染上"考试瘾",聪明的妈妈首先要懂得把孩子的成绩看淡些,不要只根据孩子成绩好坏奖罚孩子。孩子取得了好成绩,那种开心的心情就已经是最好的奖励了,父母完全没有必要再画蛇添足地给予孩子很多外部奖励。外部奖励太频繁,孩子内心的喜悦就会被夺走,最终孩子的学习动机也会变得很不单纯。当然孩子没有取得好成绩的时候,家长也不应该责骂,而是应该给予理解。

此外,妈妈要鼓励孩子多发展其他的爱好,或者让孩子适当地参与家务劳动,总之不要让孩子把追求好的学习成绩当成是人生唯一的任务。只要学习成绩不是孩子唯一的精神支柱,孩子就不会有"考试瘾"了。

第6章

孩子终究要成为"社会人"

——好妈妈要懂点社会心理学

同龄人才是孩子最好的朋友

齐齐刚上幼儿园，是个活泼调皮的孩子，可是这天妈妈发现，齐齐从幼儿园回来后一声不响的，问他也不说话，妈妈还以为齐齐生病了。好说歹说哄了半天，齐齐红着眼睛说小朋友不喜欢他。妈妈还没问明白怎么回事呢，幼儿园老师的电话就打来了。老师说，今天给班上的小朋友们做了一个小测试，请每一位小朋友挑选出最喜欢一起玩和最不喜欢一起玩的三个小朋友。根据记录，齐齐有三次是被拒绝的，这说明齐齐的同伴交往能力还需要培养，请家长到幼儿园具体商量一下。齐齐的妈妈有点纳闷，孩子也需要培养交往能力吗？

婴幼儿间的同伴交往是指在各种因素的作用下，婴幼儿在集体中所形成的一种独立、平等、自愿、互助的友好关系。同伴交往所形成的同伴关系与同伴经验有利于促进婴幼儿身心健康发展，是婴幼儿社会性发展的一种需要，是幼儿社会化的重要途径。

研究发现，婴儿在半岁之前会互相接触、互相注视，一个婴儿哭，另一个婴儿以哭来回应等，这些都不是真正的社会反应，因为婴儿并不期待从另一个婴儿那里得到相应的反应。婴儿半岁后才开始出现真正意义上的同伴交往行为。

婴儿早期同伴交往可划分为三个阶段：首先是以客体为中心阶段，婴儿的交往更多地集中在东西或玩具上，而不是别的婴儿本身，大部分是单方面社交行为，一个婴儿的行为并不能引起另一个婴儿的反应；其次是简单交往阶段，婴儿之间有了直接的相互影响、接触，婴儿已能对同伴的行为做出反应，经常企图去控制另一个婴儿的行为；再次是互补性交往阶段，出现了更多更复杂的社交行为，婴儿彼此之间相互模仿已经较为普遍，婴儿同伴间的行为趋于互补，如你追我逃、共同进行一个游戏等，婴儿能积极地进行交往，还经常伴随有语言、情绪等反应。

影响同伴交往的因素主要有婴幼儿自身因素和环境因素两个方面。

婴幼儿自身因素指宝宝的认知能力、性格特征、兴趣取向等，如愿意分享、友好、外向的宝宝更受小伙伴的欢迎。由于婴幼儿自身因素影响，使他们形成了不同类型的交往模式，大致分为以下四种：专一型、受欢迎型、攻击型、忽略型。专一型婴幼儿倾向于和固定的小伙伴玩；受欢迎型婴幼儿多半性格外向，常常乐于接受同伴的请求或共同游戏的邀请；攻击型婴幼儿性格暴躁，常见表现为喜欢骂人、打人，对别人的行为活动进行破坏；忽略型婴幼儿胆小、怯懦，不愿参加小伙伴的游戏或活动。攻击型和忽略型的孩子就是不善于和别人交往或交往手段不恰当的孩子。

环境因素指成人的指导和玩具游戏等，如成人为孩子准备适合一起玩的玩具或游戏，将有助于孩子同伴交往能力的发展。

家长可以从以下几个方面入手，帮助孩子培养交往能力，促进其社会性的发展。

提供良好的家庭环境。家长应该创造宽松和谐亲密的家庭关系，让孩子充分体验到爱和被爱的感觉，以积极的培养环境造就孩子健康积极的身心，这是迈向成功交往的第一步。

以身作则，给孩子学习的榜样。家长待人接物的方式是孩子学习初步的人际交往的最直接对象，积极的交往态度必定会对幼儿产生积极的影响，因此，家长在与邻居、亲友、同事相处中要相互尊重，相互帮助，相互宽容，让孩子在潜移默化中学会交往。

创造更多的交往机会。家长可以经常让孩子把小伙伴邀请到自己家里来玩，或去别的小朋友家里做客，给孩子创造与同龄伙伴交往的机会，指导孩子进行共同游戏，或与孩子一起游戏，如老鹰抓小鸡等，在游戏中培养孩子的同伴交往能力。

让孩子在游戏中充分感受社会

3岁的微微经常自己做游戏。她最爱玩的游戏就是每天模仿妈妈的日常活动：买菜、做饭、梳妆打扮、电话聊天、匆匆忙忙出门去上班等，甚至会边穿衣服边拿东西，嘴巴里还会忙不迭地喊着："来不及了！来不及了！宝贝再见！要乖……要听话……"

游戏占据了孩子的生活中的很大一部分。游戏是孩子最基本的活动，它是想象和现实生活的独特结合，是人的社会活动的初级形式。但是游戏并不是孩子的本能活动。孩子动作和语言发展后，渴望参加社会实践活动但是又缺乏相关经验和能力水平，在这种情况下，游戏就成了孩子参加社会实践的一种方式，是孩子的一种社会性需要。

孩子的游戏内容通常来自周围的现实生活，例如"过家家""开汽车"等，都是现实生活的反映，都是孩子在社会中经历过的事物为素材的。同时，孩子的游戏不是原原本本地照搬生活，而是孩子根据自己对生活的理解，并且加入了自己对生活的愿望，将内容进行重新组合后的创造性活动。

游戏在孩子社会能力的发展中起着十分重要的作用，孩子可以在游戏中按照自己的意愿去扮演任何角色，并从中体会到各种思想和情感。孩子还可以通过游戏学会如何在集体里发挥自己的作用，如何与别的孩子合作得更好。另外游戏在发展孩子的自我控制、活动方式以及改造孩子的问题行为方面也起着重要作用。

如果想让孩子有更多的情感体验，妈妈应该抽出更多的时间来陪孩子一起玩游戏。妈妈可以在家中设置一些特殊的"游戏角落"。孩子的玩具不需要多么精巧多么高科技，家里的很多东西都可以"变废为宝"，大纸箱、旧布、坏掉的门把手等都可以变成孩子的宝贝。纸箱可以变成郊外的小房子；旧布变成云彩或者巫婆的斗篷；门把手可以变喇叭、做假鼻子……在玩的过程中，不但孩子的动手能力可以得到提高，他对感情的理解也会更加深刻丰富。

很多妈妈都知道游戏对孩子的好处，所以她们总是带着孩子到户外去与其他的小朋友一起玩耍。虽然户外活动对孩子来说是必不可少的，但是面对大自然的诱惑，很多孩子并不买账，这是怎么回事呢？

小波特别爱在家里玩玩具，因为玩得专心，有时连妈妈叫他都听不见。妈妈想让小波到外面和小朋友们一起玩。可是妈妈发现小波好像更迷恋玩具，每当妈妈让他外出时，小波总是表现出有些不情愿。妈妈很不理解，小波这是怎么了？

其实，孩子的玩乐没有大人那么强的目的性，他们关注的只是玩的过程，能够体验快乐情绪对他们来说已经就足够了。玩具是孩子幻想中的玩伴，无生命的玩具在他们看来和真实的小朋友并没有区别的。在4～5岁，玩具依然是孩子无伙伴时的假想伙伴，过了特定的时间，他就会跨过以独自玩耍为主的阶段。

妈妈们经常可以看到孩子一边自言自语，一边摆放玩具，或者指挥打仗，或者和小动物对话，孩子不是单纯地在玩，他是在"演练"将来如何与人交往。在家玩玩具和外出找小伙伴玩，这两者之间不是对立的关系，无论孩子选择哪种游戏方式，家长都应该支持，不要勉为其难。

世界"不公平"，心情要平静

妈妈们都明白，生活不总是公平的，就像大自然中，鸟吃虫子，对虫子来说是不公平的一样，生活中总会有些力量是阻力，不断地打击和折磨孩子。外界的事物什么样，这由不得孩子去选择和控制，但用什么样的态度去对待，可以由孩子自己做主。面对生活中的种种不公正，能否使自己像骆驼在沙漠中行走一样自如，关键就在于孩子是否足够的坚忍，能够用一颗平静的心去面对，这也是成大事者的一种格局。

周晓龙今天很不开心，因为自己的劳动成果被别人窃取了。

事情是这样的，上周学校组织了一场英语演讲比赛，对于英语每次都拿"优秀"的周晓龙来说他决不会放过这次锻炼自己的大好机会。不过学校对参赛选手有个要求，就是所有参加比赛的稿子都必须是原创。于是周晓龙用三天时间翻阅各种资料完成了一篇非常满意的稿子，就等着比赛那天"惊艳全场"。

时间很快到了比赛的前一个晚上，同是参赛选手的余天看晓龙这么胸有成竹，提出想看看周晓龙稿子："嘿，晓龙，明天就比赛了，把你稿子给我看看行吗？"

作为好朋友，周晓龙当然没有拒绝："可以，等会我就把稿子给你。"

让周晓龙没有想到的是，余天看完稿子后竟然把最精彩的几段挪用到了自己的稿子上，那天的比赛余天在周晓龙前面出场，于是裁判们普遍觉得余天的稿子更胜一筹，把冠军给了余天。

结果出来的时候周晓龙差点哭了出来："明明是我写的稿子，余天凭什么窃取成自己的东西？而且让人无法接受的是评委竟然把冠军给了那个'抄袭者'，这也太不公平了！"

我们必须承认生活是不平等的这一客观事实，但这并不意味着消极处世，正因为我们接受了这个事实，我们才能放平心态，找到属于自己的人生定位。命运中总是充满了不可捉摸的变数，如果它给孩子带来了快乐，当然是很好的，孩子也很容易接受，但事情往往并非如此。有时它带给孩子的会是可怕的灾难，这时如果孩子不能学会接受它，反而让灾难主宰了孩子的心灵，生活就会永远地失去阳光。

威廉·詹姆士曾说："心甘情愿地接受吧！接受事实是克服任何不幸的第一步。"孩子一定要学会接受不可避免的事实。即使孩子不接受命运的安排，也不能改变事实分毫，孩子唯一能改变的，只有自己。面对不可避免的事实，我们就应该学着做到诗人惠特曼所说的那样："让我们学着像树木一样顺其自然，面对黑夜、风暴、饥饿、意外等挫折。"

心理学家说，生活的不公正能培养美好的品德，孩子应该做的就是让自己的美德在不利的环境中放射出奇异的光彩。明白了这些，孩子就能够善于利用不公正来培养自己的耐心、希望和勇气。比如在缺少时间的时候，孩子可以利用这个机会学习怎样安排一点一滴珍贵的时间，培养自己行动迅速、思维灵敏的能力。就像野草丛生的地上能长出美丽的花朵，在满是不幸的土地上，也能绽开美丽的人性之花。

孩子也许正为一个专横的朋友而心烦，并因此觉得很不公平，那么放平心态，不妨把这看作是对自己的磨炼吧，用亲切和宽容的态度来回应朋友的无理取闹。借着这样的机会磨炼自己的耐心和自制力，转化不利的因素，利用这样的时机增强精神的力量。而朋友经过你的感化，将会认识到自己行为的不妥，从而改变对孩子的不公正的做法。同时，孩子自己也将提升到更高的精神境界，一旦条件成熟，孩子就能进入崭新的、更友善的环境中。

与老师常沟通，联手教出好孩子

一位幼儿园老师讲述了她们园内的一个小女孩的故事：

4岁的依依被送进幼儿园的时候，非常懒惰，简直像个"小懒猫"。她什么都不干，就等着我来帮她做。例如开饭的时候，别的孩子都拿着勺子开始吃饭了，她却仍旧坐在那里，一动不动，等着我去喂她；穿衣服的时候也是，非得等着我去帮她穿。不过，我一次都没说过她，而是尽量一切都顺着她，什么都帮她做，让她感觉到我是爱她的，同时我也不会因为她什么都不会做而轻视她。

一段时间之后，依依就适应了幼儿园的生活，这时候，我觉得可以开始培养她的生活自理能力了。我先悄悄地把她领到无人的地方，对她说："依依，老师觉得你很聪明，会很多本领，比如画画和唱歌，老师想知道你还有别的本领吗？"依依很得意地说："我还会讲故事，跳舞呢！"我于是继续诱导："还有呢！"依依想了一下说："我还会认数字。"我这才慢慢地对依依说："呀，依依会这么多本领，真厉害！不过，老师今天要教你更多的本领，你想学吗？""当然想了。"依依很高兴地接受了。于是，接下来，我就用这样诱导的方式逐渐教依依学会了穿衣服、吃饭、叠被子等生活自理的技能。每次依依独立做好自己的事情后，我都会高兴地夸奖她一番，她自己也因此而兴奋不已。

可是，令我没有想到的是，由于依依的父母很忙，没有时间照顾她，依依整天就和奶奶住在一起。奶奶是个思想传统的老人，总是宠着依依，什么都不让她干，一见到依依要自己做事，就紧张地跑过来阻止，并且大惊小怪的。结果，依依就只能成个"两面人"——在幼儿园里什么都自己干，到了家里什么都不干。这下我又开始担心了，这样下去，依依学会的生活技能怎么能够持久呢？

其实，像依依这样的例子还有很多，很多孩子在上幼儿园之后，自己已经学会了基本的生活自理能力，可以照顾自己的饮食起居。但由于家庭成员"故意的"宠爱，导致孩子在幼儿园和家里不同步。这也暴露出了一个问题，虽然孩子上了幼儿园，但主要的教育任务还是在家庭的，家庭内部对孩子的影响要远远大于幼儿园。因此，父母一定要保持和幼儿园的良好沟通，做好家、园共育。

和老师共同做好孩子的教育工作，父母要定期和老师沟通，了解孩子在园里的情况，特别是孩子的行为习惯、情绪和心理等，千万不要只是简单地问一句"学了什么"就草草了事。此外，在和老师沟通的时候，父母也要有意识地把孩子的一些习惯、爱好、体质等情况告知老师，以便老师更快地了解孩子，有针对性地进行教育培养。当然，老师安排的一些孩子和家庭共同体验的活动和游戏等，父母一定要抽时间参加，这能给孩子支持鼓励，让孩子感受到爱，从而更加开心地继续在幼儿园的学习。父母还要关注幼儿园的家园联系栏并且积极地投稿，认真填写每期的家、园联系手册。总之，孩子入园之后，家长的教育重担丝毫没有落下，也不应该落下，孩子的健康成长还需要家长和幼儿园的紧密配合，双方配合得越好，孩子的成长也就越好。

独立意识从娃娃抓起

有两位妈妈带孩子去放风筝，女孩用力一扯，风筝破了，男孩很生气，一巴掌就扫过去，女孩立刻哭了。这时，男孩的妈妈脸色一变，就像触电一样从座位上弹起来，女孩的妈妈连忙把她拉住。男孩的妈妈急得脱口而出："你真残忍！"女孩的妈妈却笑着说："你才残忍！"

男孩的妈妈说："你眼看着孩子被打，哭了，身为母亲，不去呵护，还阻止我去干预，这不是很残忍吗？"女孩的妈妈却说：

"孩子争吵算什么？被打一下，也没受伤，为什么不让他们去自己解决呢？"

两位妈妈这时望向孩子，只见他们一同跑过来，说："妈妈，风筝破了，你能把它修好吗？"

女孩的妈妈认为孩子们在一起，争争吵吵是家常便饭，但是他们很快就会自己解决。孩子们在这种争争吵吵、哭哭笑笑的历练中会不断成长，学会处事和做人。"爱孩子"就要从小培养孩子的独立意识，孩子将来会遇到各种各样的困难，父母不能时时刻刻陪伴在孩子身边，帮孩子解决所有的问题。所以从一开始就应提供机会让孩子学习与人相处及解决问题的能力，使她以后能独立生活，凡事不依赖他人，长大了才能学会面对困难，解决困难。相反，对孩子太多干预，替他安排一切，帮他解决一切难题，这样一来，孩子失去了学习的机会，将来怎能做事，怎能生活呢？

莉莉的出生给爸爸妈妈带来了无限欢喜，爸爸妈妈都是高干子弟，接近四十才生了莉莉，所以他们对莉莉千般宠爱、万般呵护。妈妈四处向专家咨询，给莉莉精心制定了营养的三餐；对每一件给莉莉买的衣服或是玩具都细心检查，生怕质量不过关影响孩子的健康；莉莉上的是最好的双语幼儿园；为了莉莉有更多的时间来学习，妈妈不让她做任何家务活，书包也是妈妈帮忙背。总之，妈妈帮莉莉安排好了生活学习的一切。但是娇生惯养的莉莉并没有比其他孩子出色很多，在学校时总有些畏畏缩缩，体育课上要跳高，她被吓得大哭；老师让她起来回答问题，她总是害羞得说不出话。家里的娇小姐在学校慢慢地逊色下来，也慢慢和同学们的距离越来越远！

"关爱孩子"是每个妈妈的本能。不少妈妈对孩子百般呵护，她们都是"慈母"。然而，这样的"慈母"很可能是残忍的母亲。妈妈替孩子做了自己本来可以做的事，实际上是剥夺了孩子自己的亲身体验，剥夺了孩子发展能力的机会，也剥夺了孩子的自立及自信心。如果把磨难和体验全部省略了，一切都替他包办，看上去是顺利了，舒适了，结果却使他软弱而闭塞，胆怯而无能。

生活能力低下，缺乏正常的与人交往、克服困难的能力，成了时下许多孩子，尤其是独生子女的共性问题。而这一切，就归咎于妈妈长期包办了孩子的日常生活，不肯放手让孩子锻炼，不让孩子自己做决定，久而久之，孩子就养出了依赖妈妈的习惯，缺乏独立意识和自立能力。

现在有一种现象，叫"30岁儿童"，到了而立之年，凡事仍不能自立，没有长辈陪在身边就惶惶不可终日。相信所有的妈妈都不希望自己的孩子是这样一种成长状况，那就切记：关爱不要过度，保护不能过度，从小就注意培养孩子的独立意识。因此，妈妈让孩子自己感受生活吧！让孩子的世界里不再只有爸爸妈妈，让孩子成为自己世界的中心。不要代劳孩子安排他的生活，他的人生终究要自己负责。缺乏独立意识的孩子只会成长为温室里的娇美花朵，遇到社会的风浪会被摧残，而只有能屈能伸的坚毅杂草，才能"野火烧不尽，春风吹又生"。所以，培养孩子的才能重要，培养孩子的独立意识更为重要。

为了孩子的成长，对孩子照顾过头的妈妈们不妨做做"懒"妈妈，对待孩子时，记得以下几个"不要"：不要替孩子做一切家务活，剥夺他锻炼独立生活的能力；不要把自己的意志强加于孩子，剥夺孩子做自己的权利；不要对孩子监护过度，剥夺孩子的自由；不要给予孩子过度的保护，折断他应对挫折的翅膀；不要逼迫孩子追求成绩或是功名，把世俗功利的思想植在他的心上；不要满足孩子不合理的消费要求，让他远离自制和节俭的美好品格；不要过早地给孩子准备资产，剥夺他自我创造的动力；不要替孩子解决一切困难，阻碍孩子坚强意志的生长……总之，不要为孩子安排好一切，对妈妈来说，是一种解脱；对孩子来说，是一种恩赐

给予宽严适当的父爱

父亲是家庭的保护伞，也是孩子走向社会的引路人，父亲的示范和启示，能够帮助孩子树立远大的志向，拥有一个完整坚固的精神世界。孩子将来在社会生活中需要的知识、沟通技巧都受到父亲的影响，而且这种影响力是持久的、牢固的。因此，爸爸们在孩子成长过程中所扮演的角色不是妈妈们的辅助者，而是切切实实的教育者，给予孩子切实的关爱，让孩子健康的成长。

可能有些爸爸会为此感到困惑：到底应当给孩子怎样的父爱？有些爸爸认为，妈妈所扮演的是温柔如水的角色，那么爸爸就应当摆出一副"严师"的姿态，我们常挂在嘴边的"严父慈母"更是体现了这一点。但是实际上，总摆出一副威严姿态并非最好的表现父爱的方式，如果爸爸总是动不动就对孩子吆三喝四，责令孩子做这做那，对孩子的行为指指点点，就会令孩子对父亲"敬而远之"。然而，这种远离只代表沟通的失败，没有任何教养的

魅力，而且还会给孩子的心理带来阴影。

周云是个腼腆内向的女孩，尽管已经工作两年多了，可她一直非常害怕见到经理。每次一看到经理，她都特别紧张。经理向她布置日常工作时，她会显得手忙脚乱，语无伦次，眼睛不敢看经理，总担心又要挨批评。久而久之，这种恐惧的心理已经严重影响到了她的日常工作。无助的周云只好向心理医生求助。

周云对医生说，她从小是个害羞胆小的女孩，爸爸是个正统的军人，平时对她十分严厉，不苟言笑，几乎不允许她犯任何错误。每当她不听话妈妈总是拿"你爸爸回来了"来吓唬她，弄得她整天提心吊胆。从而在心中对爸爸产生了持久的恐惧。

最后，经过心理医生诊断，周云是患上了"权威恐惧症"。

"权威恐惧症"属于恐惧症中"恐人症"的一种最轻的类型，它的对象相当固定，往往是具有管理权和批评权的人。从精神学理论分析，在一般家庭中，父亲可以说是权力的象征，但如果父亲过度地、不恰当地使用了权力后，就会对孩子产生一种权力压力感，使子女对父亲的权力产生恐惧，这种恐惧感被压抑到潜意识领域，就会导致日后产生"权威恐惧症"。

一个能展现母性力量的父亲，不但不会使他的雄性力量逊色，反而会因为其刚柔并济而使他的雄性力量更具有深度。父亲是成人社会的典范，在孩子的眼里也代表着无穷的力量与强大的依靠。父亲角色的过度严厉、苛求甚至打骂，或多或少会使孩子养成自卑、胆怯、逃避等不健康的个性及心理，或导致反抗、残暴、说谎等异常行为，而过于宽松的爱则会令孩子无法感受到父爱特有的力量，也无法发挥出父爱特有的作用。

所以，父亲给孩子的爱要掌握好"度"，太宽会使孩子失去约束，不易管教；太严则会使孩子无所适从、精神紧张，时间长了容易产生逆反心理。只有宽严适当的爱，才是给予孩子的最优质的爱。其实，只要在生活中多关注孩子，多与孩子交流，善于发现孩子的优点和长处，适当肯定孩子的行为，尊重他们的意见和选择，在孩子的看法或行为出现问题时严肃且心平气和地说服教育，孩子就能接受到来自父亲的爱，就能接收到来自父亲的最正当最有效的教育。

给孩子打一剂不完美的预防针

一天，妈妈和圆圆正在大街上走，忽然一个年轻的小伙子从她们身旁匆匆忙忙地走过去了，而就在他走过她们身边的时候，他屁股后面口袋里掉出一个钱包来，正好掉在妈妈和圆圆面前。那个人似乎一点都没发现，一直往前走。妈妈和圆圆赶紧大声喊叫他，但他似乎根本没听见。这时候，圆圆下意识地要伸手去捡那个钱包，但妈妈一下子拉住了她。钱包看起来厚厚的，似乎装着很多钱。妈妈觉得事情不太对，她们喊叫的声音很大，但那个人似乎没听见。没办法，妈妈只好拉着圆圆赶上前面的人，对他说："你的钱包掉在后面了！"只见那个人狠狠地看了她们一眼，捡起钱包很不高兴地走了。这让圆圆惊奇极了，为什么他连一句谢谢都不说呢！这时候，妈妈告诉圆圆："这是个骗子，他想让我们捡起钱包，然后他就敲诈我们一笔钱。这就和你在电视上看到的那些骗子骗人的手法是一样的，以后可千万要小心啊。"圆圆听了，懂事地点了点头。从那以后，圆圆就对骗子有了初步的认识，出门在外的时候也知道看好自己的东西了。

社会是不完美的，世界是不完美的，人是不完美的。认识到世界的不完美和社会中的丑恶现象，是孩子认识社会的一个必经环节。要想让自己的孩子从小就拥有正确的价值观和处事观，让孩子认识到社会的不完美和人性的弱点是很有必要的，这一方面可以增强孩子的心理承受力，让其在以后的生活中面对任何情况都能承受；另一方面也有助于孩子的自我保护意识建立，让孩子有意识地学会自我保护，出门在外要小心谨慎。

不过，现实生活中，很多父母却很避讳跟孩子讲世界的不完美。因为希望孩子可以极大程度地拥有快乐，家长下意识地将生活中那些不好和阴暗的一面从孩子的视线中移开是可以理解的。但家长也应该知道，生活和社会中有些问题是无法避免的，如果在孩子面前处理不好这些问题，极有可能使孩子因不堪重负而患上心理疾病（如抑郁症），甚至造成性格缺陷。如果一个孩子看到的所有事情都是好事，他对世界的整个认知是完美的，那么一旦有一天他身边发生了不完美的事，他就会承受不了，严重时甚至做出极端行为。孩子也是一个独立的个体，虽然年龄很小，但他们也有自己的思考力和辨别力，只要父母正确客观地给他讲解事件的本质，孩子是可以理解的。

家长可以以一种积极严肃的态度来给孩子讲解现实中无法避免的不好现象，就像故事中的妈妈给孩子讲解骗子的骗行一样。例如，自然灾难是人类无法避免的一个"坏事"，对此，家长可以有意识地、适当地让孩子接触一些灾难的画面，不过一定要陪孩子一起观看，看的时候根据画面来给孩子讲解说明。在这个过程中，家长要随时观察孩子的情绪变化，耐心让孩子提出他的疑问，然后以平和的方式跟孩子探讨并且教孩子在危急时刻应该怎样应付。社会阴暗面也是该让孩子知道的一个方面。家长可以有意识地让孩子观看一些法制节目，针对里面的盗窃、行骗、贪污等犯罪现象给孩子讲解相关知识和现实情况。例如看到贪污的案例，家长就可以先问孩子："你觉得贪污对不对啊？这个人应不应该拿别人的钱呢？"在孩子回答之后再给孩子讲解，并教给孩子正确的法律观念。

此外，针对故事书中或者电视节目中出现的一些"人性的弱点"或者由于心理疾病导致的犯罪现象，家长也可以以正确的思路给孩子讲解，树立孩子正确的价值观和社会准则意识。此外，家长在生活中，也要有意识地保证自己的行为准则符合正确的标准和法律，给孩子做好榜样，这样孩子才更容易形成良好的行为作风和道德品行。

母爱是为了分离的爱

曾经有人说过：世界上所有的爱都是为了在一起，只有一种爱的目的是为了分离，这种爱就是——母爱。在动物世界里，每一个母亲在孩子该自立的时候都会把它们推出去赶出家门，让它们独立生活。目的是让它们真正地长大成人，开辟自己的生活。

人类亦如此。从怀胎十月，宝宝从妈妈的肚子里出来，到宝宝断奶、和妈妈分床睡，再到3岁上幼儿园、7岁上小学，接着读初中和高中，然后直到有一天，孩子去了另一座城市读大学，或是出国留学。等到完成学业以后，孩子就开始拥有自己的事业，组建自己的家庭。对妈妈来说，这就是孩子一步步离开自己的过程，也是孩子一步步成熟、自立的过程。妈妈是以保护的心态把孩子完全护佑在自己的臂弯里，还是以开放的心态鼓励孩子追求自我，对孩子的成长至关重要。

　　人们无时无刻不处在一个社会环境中，这就构成了人们社会交往中的人际关系。如果一个孩子无法适应他所在的环境，无法构建良好的人际关系，他不但不能正常地发挥自己的潜能，更不会根据环境调节自己，从而出现环境失调，即因无法适应环境出现种种生理或心理异常。出现这种问题的孩子，多数都能从童年时期妈妈的养育方式里找到根源。

　　张先生是一家企业的人事经理。一天，他在面试新员工的时候，遇见了这样一件"匪夷所思"的事：一个22岁的大四男孩，竟然带着妈妈一起来面试。这个男孩一米八几的个子，看起来又高又壮，但却格外腼腆，始终低着头，不敢直面张先生。

　　男孩的妈妈把简历给了张先生，然后开始为张先生"推荐"起她的孩子来。张先生几次想问这个男孩问题，都被男孩的妈妈"抢答"了。无奈之下，张先生只能摇了摇头，把男孩和他的妈妈一同请出了房间。

　　妈妈总是喜欢在孩子正在努力把事情做好的时候，费尽心思地去帮孩子，这其实是孩子发展时期最大的障碍。最简单的一个例子是，在孩子两三岁开始学习自理的时候，妈妈们会给孩子梳洗、穿衣服，不让孩子自己动手学习，殊不知这样就等于无情地剥夺了孩子自主权。到处都设置条条框框、告诉孩子不能打破或者弄脏家里的东西、不能接触这个那个，这样一来，孩子就没有机会练习控制自己的身体，不能学习使用日常生活中的物品，不能遵循好奇心去探索新鲜的事物，许多学习必要生活经验的机会就这样无情地被剥夺了。

如果想要孩子健康地发展，妈妈们就要能够给孩子一个与孩子年龄相符、释放孩子精力的同时又配合他们心理发展的环境，给孩子充分的自由，让孩子自在成长。这样孩子将来才可能会大有作为。

需要注意的是，给孩子充分的自由，并不等同于对孩子不闻不问、听之任之。给孩子自由，但也不能忽略孩子所犯的每一个错误。妈妈们应该尽可能让孩子自然地成活与成长，提供给他成长所需要的，找出避免他犯错误的方法，当他犯错误后及时帮他总结经验教训。要知道，一个优秀的妈妈，不是要包办孩子大小一切事务，而是要告诉孩子生活的经验，然后让孩子独自去尝试、去感受、去总结，这无论对孩子的成长，还是对维系妈妈与孩子间的亲密关系，都大有裨益。

让孩子尽早了解一些社会规则

轩轩刚上初中一年级，一天下午放学，他跟同学们一起过马路。他们一边说笑一边走上斑马线，然后发现是红灯。这时候，不知是谁先起的头，一群人直接就朝路对面走去，忽视了红灯。轩轩愣了一下，觉得这样做不太好，似乎不应该闯红灯，但看到两边都没有车过来，他就觉得没什么事情，跟着大家一起往前走。谁知，就在他们走到路中间的时候，从右边驰来了一辆小轿车，由于速度很快，大家都没有看到，小车司机赶紧刹车，但已经晚了，车头一下子就撞在了轩轩和旁边的同学身上。事后，轩轩被送到了医院，所幸没有受太严重的伤。不过，从那以后，轩轩知道了，无论什么时候，都一定要遵守规则。

轩轩是很幸运的，如果他不幸运，这样的车祸不知道会出现多严重的后果！其实，生活中，不遵守规则的现象比比皆是，很多交通事故都是因为一两个人不遵守规则造成的。

我们都知道，规则和秩序是社会公共生活的基本准则，没有它们，任何的社会活动都无法正常开展。一般来讲，规则秩序有两种形式。一是并没有明文规定，只是人们在长期公共生活中形成的道德经验和行为习惯，也就是一些约定俗成、共同认可和遵守的行为规范。例如乘车购物时顺序排队，在影院、图书馆不大声喧哗等。二是有明文规定的，也就是社会公共生活中的公约、规则、规章、纪律。例如交通规则、公园游人须知、学校学生守则等。这些通常都带有一定的强制性，有些甚至与法律法规相衔接。

按规则办事，遵守规则是全人类都应该学会的基本准则，只有大家都遵守规则，才能保证整个社会的和谐，如果每个人只从自身利益出发，不遵守规则，那么这世界将永无宁日。孩子正处于培养和初步检验规则的黄金时期，如果没有及时地让他培养起遵守规则的意识，那么他将来的生活会因此受到很大影响。因此，对孩子的规则意识培养，一定要尽早、尽快。那么，父母该如何培养孩子的规则意识呢？

1. 多讲规则的作用

家长要多给孩子讲解规则的作用，让孩子了解规则无处不在，规则能保证人们更好地生活。例如人们应该遵守交通规则、游戏规则、竞赛规则等。

2. 养成遵守规则的行为习惯

在家里，家长可以为孩子制定一些简单规则并让孩子执行，例如物品用完后要放回原处，出门时要和家人打招呼，等等。

3. 培养执行规则的技能

有时候，孩子具备了一定的规则意识，但还是会违规。例如穿衣服、洗漱的时候动作太慢，不得要领等。这个时候家长就要教给孩子正确做事的方法，培养孩子的自理能力，提高其生活技能。

4. 培养自律精神

一般来说，他人制定的规则是强加的，属外力约束，而自己制定的规则有内省的成分，更易于自律。因此，家长不妨和孩子一起商量制定一些家庭内部的规则，以方便大家共同遵守。例如进别人房间之前要先敲门，玩游戏的时候要按规则决定胜负，等等。

5. 适龄的教育

针对不同年龄段孩子的肌肉发展情况，给孩子制定一些符合其年龄段的规则，而不能制定超出其能力的任务。例如让3岁的宝宝系鞋带就有些超出他的能力范围。应根据宝宝的能力来分别设定规则，让他有能力完成，并增强自信。

6. 设立具体可操作性的基本规则

家长可以在家中为孩子制定一些基本的饮食、作息、行为和品德规则，让孩子在潜移默化中形成良好的规则习惯。

7. 培养孩子的责任感

负有责任感的孩子更容易遵守规则。因此，让孩子做力所能及的家务，对孩子主动帮助大人等自理行为给以鼓励和表扬，让孩子认识到自己的责任，有助于孩子规则意识的培养。

规则一旦建立就要执行，如果孩子触犯了规则，父母不能心疼孩子，一定要按照事先说好的惩罚办法来履行才行。只有这样，才能让孩子明白，他必须为触犯规则负责，由此也就能培养孩子认真对待和履行规则的意识了。

溺爱是孩子走向社会的绊脚石

郑晖是一个在学校里出名的不守规矩的人：上课时，他总是把一只脚放在课桌上，手上拿着一个玩具玩着，全然不顾老师和同学们的存在；体育老师喊立正，他偏要稍息；老师叫蹲下，他偏要站着，最后干脆跑到树荫下去玩……老师和班干部只要规劝他，他就开始"耍赖"，有几次甚至整个人躺在地上不起来。

老师曾经为此事请了家长。可没想到的是，郑晖的妈妈对儿子的行为却非常不以为然："我的孩子脾气很硬，不喜欢别人管他，他在家里总是把脚放在桌子上坐，已经习惯了。躺地上，那是老师惹他不高兴了，所以他就躺地上，在家里他就是这样。"

给予孩子正确的爱，会让他学会更好的爱别人，爱自己，爱生活；而过分溺爱孩子，则容易使孩子养成骄傲、任性、自私、虚荣、孤僻等缺点。妈妈在反对溺爱的同时，又在不知不觉中对孩子进行溺爱。有的时候，出现溺爱行为，其实也是妈妈的无心之失。

妈妈虽然知道溺爱会对孩子造成伤害，但有时也会分不清"溺爱"是什么，更不了解是否自己家里就存在溺爱。那么，什么样的爱，才算是溺爱呢？

以下列出了五种最常见的溺爱行为。妈妈不妨对照着实际情况看一下，自己是否也曾有过这些行为：

1. 对孩子给予"特殊待遇"

很多孩子由于是家里的独生子女的原因，在家里的地位高人一等，处处都会受到特殊照顾。这样的孩子必然是"恃宠而骄"，滋生优越感，变得自私没有同情心，不会关心他人。

2. 对孩子的各种要求"无条件满足"

有的妈妈对孩子的各种要求总是无原则地满足，儿子要什么就给什么。有的妈妈觉得"再穷不能穷孩子"，即便是自己省吃俭用，也要满足孩子的要求，哪怕是无理要求。这样长大的孩子必然养成不珍惜物品，讲究物质享受，浪费金钱和不体贴他人的坏性格，而且毫无忍耐和吃苦精神。

3. 对孩子过分保护

有的妈妈为了孩子的"绝对安全"，不让孩子走出家门，也不许他和别的小朋友玩。更有甚者，变成了儿子的"小尾巴"，步步紧跟，含在嘴里怕化了，吐出来怕飞走。这样养大的孩子往往胆小无能，存在依赖心理，在家里横行霸道，到外面胆小如鼠，造成严重的性格缺陷。

4. 袒护孩子所犯的错误

当孩子犯了错误的时候，妈妈总是视而不见，反而说："不要管太严，孩子还小呢。"有时候爷爷奶奶还会站出来说话："不要教得太急,他长大之后自然会好了。"这样环境长大的孩子全无是非观念,长大之后很容易造成性格的扭曲。

5. 孩子出现意外时"大惊小怪"

所谓"初生牛犊不怕虎"。孩子在小的时候本来不怕水、不怕黑、不怕摔跤、不怕疼,摔跤以后能不声不响自己爬起来继续玩,可为什么有的孩子越大越变得胆小爱哭了呢?这往往就是妈妈和其他家人的"大惊小怪"所造成的。当孩子出现病痛或是遇见什么事情时,孩子还无所察觉,大人就已经表现得惊慌失措,不让孩子碰这碰那。这样娇惯的最终结果,就是孩子不让大人离开一步,越来越懦弱。

封闭的爱会封住孩子的路

在一个访谈节目中,中国台湾的舞后比莉讲起了培养孩子的过程中,自己总是处于希望孩子快点长大,但又害怕孩子长大的矛盾心态中。比莉回忆说儿子小的时候,有一次送他去上学,正准备出门的时候,儿子堵在门口对她说:"妈妈,以后不要再送我上学了,我都上初中了,同学们都不用爸妈送了!"听了儿子的这句话,比莉恍然大悟,她意识到儿子已经长大了,要放手让他自己去面对人生了。说到这里,比莉笑着对主持人说:"其实我真舍不得让他长大!"

相信每个妈妈都有着和比莉一样的感受,一方面盼望着孩子快点长大,但是想到孩子长大后就要离开自己,又开始舍不得他们长大,妈妈们多么希望孩子永远都这样天真无邪,单纯可爱,永远生活在我们的羽翼下，让我们永远拥有他，不要离开我们视野。妈妈们的心里深处大多会有这样的恐惧，害怕孩子长大独立，害怕孩子与妈妈分离。

所以，即使妈妈已经认识到了自己对孩子的这种"爱"是密不透风的，它会让日益成长的孩子受不了，甚至会使他们变得越来越糟糕，妈妈还是会不自觉地要给予孩子过多的爱护和管教。

当孩子越来越大、越来越独立、越来越渴望自己为自己做主时，妈妈就会感到巨大的分离焦虑，产生失落感。妈妈的内心很害怕孩子长大离开自己，于是有些妈妈会有意无意地阻碍孩子成长。

很多妈妈总是喜欢为孩子做事，了解孩子的想法，希望用这种方法来感觉到孩子仍然依赖着自己，消除自己害怕孩子长大的心理。这样的爱看似是对孩子的宠爱和负责，其实是妈妈的一种自私心理，为的是满足妈妈自己的安全感，如此自私的爱，不能算是真爱。孩子长大是必然，没有任何一个妈妈能够把孩子绑在自己的身边一辈子，即使把他绑住了，那也是对他巨大的伤害。

孩子长大了，必然会渴望独立的空间，希望能伸展拳脚，尝试自己的力量，这是一个生命成长的必然规律。妈妈们不要一厢情愿地认为孩子是一个永远不懂事、永远不知道该怎么做事的小孩，其实你没必要为孩子的所有事情操心，不要总是像对待一个2岁的孩子一样去对待已经长大的孩子，这是对孩子无形的伤害。

一个合格的妈妈必须要舍得孩子长大，不能因为舍不得孩子离开自己就把他牢牢地圈在自己爱的包围圈里，这对孩子是错误的爱，想做一个好妈妈，就必须允许孩子与自己分离。要知道，不管妈妈的怀抱多么温暖，如果孩子自己没有一双强健的翅膀，妈妈不在身边时他就无法飞翔。不管妈妈的肩膀多么结实，如果孩子自己没有站立的力量，妈妈老去时他就无法独立行走于世界。所以一个合格的妈妈应该运用自己的智慧和能力训练孩子，让他成为一个能够独立面对世界的人。

别让孩子输在家庭教育上